本书出版获得国家青年自然科学基金项目(51008094），国家自然科学基金项目（51678221)和黑龙江省自然科学基金项目(LC2017025)的资助

刘洪波 著

邵永松 主审

分离式结构体系

黑龙江大学出版社
HEILONGJIANG UNIVERSITY PRESS

图书在版编目（CIP）数据

分离式结构体系 / 刘洪波著 . -- 哈尔滨 ：黑龙江
大学出版社，2018.2
ISBN 978-7-5686-0131-3

Ⅰ．①分… Ⅱ．①刘… Ⅲ．①变截面构件 Ⅳ．
① TU32

中国版本图书馆 CIP 数据核字 (2017) 第 173165 号

分离式结构体系
FENLI SHI JIEGOU TIXI
刘洪波　著　邵永松　主审

责任编辑　高　媛
出版发行　黑龙江大学出版社
地　　址　哈尔滨市南岗区学府三道街 36 号
印　　刷　哈尔滨市石桥印务有限公司
开　　本　720 毫米 ×1000 毫米　1/16
印　　张　13.75
字　　数　318 千
版　　次　2018 年 2 月第 1 版
印　　次　2018 年 2 月第 1 次印刷
书　　号　ISBN 978-7-5686-0131-3
定　　价　42.00 元

前　　言

随着我国国民经济的发展和钢产量的不断攀升,钢结构建筑在我国一些大中型城市中兴起。为了提高钢结构建筑的抗震能力及整体经济性能,改善结构体系是最直接、最有效的措施。本书对多高层钢结构建筑的受力特点进行分析,提出基于变截面组合梁和变截面支撑的分离式结构体系。该体系具有抗震性能好、经济性好和设计计算简单等优点,关于分离式结构体系的研究对于提高多高层钢结构建筑的抗震能力和经济性、减轻地震灾害具有重要的理论意义和实用价值。

本书第 1 章对分离式结构体系进行了介绍。第 2 章采用数值分析和试验相结合的方式,分析了单向和循环往复荷载作用下变截面支撑的受力性能,分析了截面形式、楔率和长细比对变截面支撑稳定性和滞回性能的影响。通过引入等效惯性矩和等效计算长度系数,将变截面支撑等效为等截面支撑,推导并拟合出求解等效计算长度系数的实用公式。在大量算例分析的基础上,给出了验算变截面支撑整体稳定的实用方法。第 3 章利用 ANSYS 软件建立了变截面组合梁的有限元模型,对变截面组合梁进行受力分析,对比不同跨度、不同荷载作用形式、不同变截面形式、不同变截面楔率下的刚度及承载力。第 4 章采用试验、时程分析和 Pushover 方法对不同的分离式结构体系的抗震性能进行了介绍,分离式结构体系降低了柱内弯矩,从而降低了截面内峰值应力,使应力变化更为缓和,提高了体系的抗震能力。

全书由哈尔滨工业大学土木工程学院邵永松教授主审,在此表示衷心感谢。

目　　录

第1章 绪 论

1.1 分离式结构体系简介

所谓分离式结构体系指的是采用不同的结构体系分别独立抵抗竖向荷载和水平荷载的结构体系,不同结构体系在承载过程中各自独立地抵抗相对应的荷载。分离式结构体系强调的并不是各构件几何位置的分离,而是不同结构体系承载功能的分离。例如:抵抗竖向荷载采用排架体系、抵抗水平荷载采用支撑体系的多层排架结构。由于多层排架结构中的排架体系的抗侧刚度特别低,所以由支撑体系承担全部的水平荷载,由排架体系承担全部的竖向荷载。相对于传统的框架结构、框架 – 剪力墙结构、框架 – 支撑结构等,分离式结构体系是一种新型的结构形式,主要有以下几方面的优点:

抗震性能优越,能够有效避免梁柱节点发生脆性断裂。分离式结构体系采用的是梁柱铰接节点,水平荷载和竖向荷载分别由水平抗力体系和竖向抗力体系承担,这样就可以根据需要选择合理的抗侧力结构体系,提高了整体的抗震性能,避免梁柱节点发生脆性断裂。虽然分离式结构体系的梁柱节点采用的是铰接连接形式,但并不会降低结构的冗余度,因为选用了承载力、抗侧刚度和耗能都出色的抗侧力体系,通过把支撑结构布置在不同的跨、不同的层,使得在地震荷载作用下,支撑不会同时屈服,提高整体结构的延性,符合建筑结构多道设防抗震原则。

承载功能划分明确,荷载传递路径简短,结构安全可靠。分离式结构体系水平抗力体系与竖向抗力体系承载功能分离,水平荷载和竖向荷载分别由水平抗力体系和竖向抗力体系承担,荷载传递路径十分明确,实现了荷载短途传递。在进行结构设计与计算时,竖向抗力体系可只考虑竖向荷载的最不利组合,抗侧力结构体系可只考虑水平荷载的最不利组合。由于荷载组合工况的数目减少,从而降低各类荷载组合的随机性和最不利荷载出现概率,计算结果更加准确,在一定程度上提高了结构的可靠度和安全性能。

梁、柱、支撑铰接节点构造简单,便于施工。多高层钢框架结构的梁柱连接方式采用刚性连接时,连接节点的静力性能较为理想,但其延性差,并且施工难度大,易造成节点较大的离散性,限制结构的动力性能。本书所采用的梁柱铰接节点是通过耳板实现梁、柱、支撑铰接的,设计计算简单准确,施工方便。

充分利用钢材的力学性能,经济性好。分离式结构体系采用梁柱铰接节点,梁相当于简支梁,支撑相当于二力杆。充分利用简支梁支座弯矩始终为零、跨中弯矩最大的受力特点,可将梁与支撑设计成支座截面最小、跨中截面最大的变截面构件,充分利用材料的力学性能,减小构件截面尺寸,节约钢材。

1.2 研究现状

1.2.1 变截面轴心受压构件研究现状

对变截面支撑的研究可以追溯到对变截面轴心受压构件的研究。众所周知,两端铰接的轴心受压杆变形后沿其轴向呈半个正弦波的形状,杆件中间部位弯矩最大,向两端逐渐减小,直至杆件端部弯矩为零。因此,将轴心受压构件设计成截面惯性矩沿轴向变化的变截面构件无疑会更加节约材料,同时承载力不会有所降低。

20世纪中期,Trahair 和 Booker 等人对最优化的截面惯性矩沿轴向变化形式做了研究,利用变分原理得出在一定荷载作用下最省材料时截面惯性矩沿轴向变化的具体形式。但是他们所做的研究针对的都是截面惯性矩沿轴向变化比较简单的形式,想要求得实际工程中各种轴心受压杆件的最优形式并非易事,即使可以求得,也不具备实际意义。

于是,研究者开始对实际工程中常见形式的变截面轴心受压构件的弹性稳定性能进行研究。1958年,Timoshenko 等人利用平衡法对阶梯形实腹式轴心受压柱的弹性特征值屈曲荷载进行逐次逼近,得到了该形式两端铰接受压柱的弹性特征值屈曲荷载。1961年,Dinnik 等人总结前人有关变截面轴心受压构件弹性稳定性能的研究成果,利用贝塞尔函数对截面惯性矩沿轴向成幂次方关系的实腹式轴心受压构件弹性特征值屈曲荷载的理论解进行求解,并给出了不同幂次时与等截面轴心受压构件欧拉公式相似的弹性屈曲荷载求解公式及其稳定系数和长度系数的数学理论解。但是,这些研究多是利用数学原理对变系数微分方程做近似求解,受数学理论和计算方法的影响很大,随后各国研究者陆续采用精确的数学方法以及能量方法对变系数微分方程进行求解。

从20世纪60年代末开始,随着各种用于求解变系数微分方程的数值方法的发展,对变截面轴心受压构件的研究迅速展开。1969年,Girijavallabhan 利用有限差分法将变截面受压柱的变系数微分方程转化成线性方程组,迭代求解系数矩阵特征值,得到柱的弹性特征值屈曲荷载。1972年,Kitipornchai 与 Trahair 利用有限积分法将变截面受压柱的变系数微分方程转化成积分方程,求解出该积分方程的近似解。1988年,Smith 利用能量法求解了截面惯性矩沿轴向幂次方变化的变截面受压构件,列出系统外力势能和应变势能的表达式,最后利用势能驻值原理得到特征值屈曲系数。1997年,连云港港务局的林延清提出用加权等效的方法求解变截面构件的弹性屈曲荷载,他将变截面构件等效成阶梯形构件,每阶视为等截面,先求出每阶段的屈曲荷载,然后引进加权系数,最后通过加权平均的方法得到变截面构件的弹性屈曲荷载,并与文献给出的结果做了对比,具有较高精度。但是这些研究针对的都是理想弹性构件,并没有充分考虑到实际构件的几何非线性和材料非线性,随着实际工程中构件形式日趋复杂,这些研究也越来越缺乏实际的工程指导意义。

近年来,各种大型通用有限元程序发展迅速,其高效计算的能力和较高的计算精度可以满足结构分析的需要。与此同时,具有强大计算处理能力和较大存储空间的高性能计算机也被广泛应用在结构分析和设计领域,越来越多的研究者开始利用有限元程序对各种类型的变截面构件进行模拟研究。有限元程序可以同时考虑构件的几何非线性和材料非线性,通过数值迭代逐次逼近构件的极限稳定状态,甚至可以跟踪结构失稳后的平衡路径。这期间,研究者主要针对不同截面形式的变截面轴心受压构件进行弹塑性稳定和低周循环加载研究。2003 年,哈尔滨工业大学的邵永松等人利用板壳有限元分析方法对腹板开洞的楔形变截面轴心受压柱的弹塑性稳定承载力进行分析,发现当孔洞大小、间距和楔率在一定范围内时,节约材料对该类型变截面构件的刚度和承载力的影响不大。2004年,清华大学的郭彦林等人基于板壳有限元分析方法对门式刚架变截面柱平面内稳定极限承载力进行研究,并考虑了板件局部屈曲和构件整体屈曲的相关屈曲问题,研究发现,翼缘宽厚比和腹板宽厚比是影响其稳定极限承载力的重要参数,且随着楔率的增大,此类构件的稳定极限承载力显著提高。2005 年,清华大学的邓科对大跨空间体系中常常用到的实腹式和格构式变截面轴心受压柱的稳定性能和设计方法进行研究,在说明变截面轴心受压构件稳定优势的同时给出了以等效方法为原则的稳定设计方法。

1.2.2　组合梁及变截面梁的研究现状

国内外学者已经对组合梁进行了大量的试验与理论研究,对组合梁刚度及承载力的研究已较为成熟,已广泛应用到工程设计中。

组合梁的研究始于 20 世纪 20 年代,Machay 和 Gillespie 等人进行了组合梁的试验研究,初步研究了组合梁的受力性能。此后,美、英、日、德等国家的学者进行了大量的有关组合梁的试验研究,各国都制定了有关组合梁的设计规范或标准。最初的组合梁基本都是按弹性理论设计的,20 世纪 60 年代开始,各国学者开始转向按塑性理论分析组合梁的受力性能。此后,国外学者对组合梁的受力性能、承载力、滑移效应、抗剪连接件、刚度等方面进行了大量的研究,取得了很多成果。

我国的组合梁研究起步比较晚。20 世纪 80 年代以后,组合梁开始广泛应用,对于组合梁的研究也开始涉及影响组合梁性能的各种因素,更加科学化、系统化。近年来,张建华对简支组合梁的承载力进行研究,对规范给出的设计方法进行优化,考虑了混凝土材料的抗剪特性,给出了弯剪共同作用下弹性和弹塑性计算方法,与试验结果形成较好的吻合。李莉进行了组合梁刚度的研究,对规范给出的组合梁刚度计算公式进行修正,得到了简支组合梁的附加变形系数,并根据势能变分原理得到组合梁的刚度矩阵。刘清平等人对框架中组合梁的等效刚度进行研究,通过能量原理推导出等效刚度的数学表达式,简化了组合梁刚度的计算。王锁军等人研究了组合梁对框架抗震性能的影响,考虑钢框架的组合作用,对结构进行了反应谱分析和地震时程分析。易海波采用试验和仿真模拟方法对组合梁的翼板有效宽度进行研究,研究了翼板的应力分布,确定了组合梁翼板有效宽度的合理取值。

对于变截面梁的研究,国内外学者目前也已经做了大量的工作。范圣刚等人对变截面钢梁的整体稳定性能进行研究,采用能量法和有限元法分析变截面梁的稳定极限问题,并推导出了刚度矩阵方程。王晓军等人进行了变截面梁的有限元分析,推导出了变截面梁单元的单元刚度矩阵,使变截面梁的分析得到了大大的简化。张元海等人推导了变截面梁中剪应力的计算公式,研究了变截面梁的应力分布规律。方恬对变翼缘宽度纯钢梁进行了优化设计,给出了优化设计的基本步骤及用于工程设计的通用公式。

变截面梁的内力数值求解方法,对于构件的理论研究及工程实践具有重要的意义。对于变截面梁的研究,常采用位移插值函数去建立有限元公式,并取得了很好的计算结果。国外学者针对等截面梁提出了有限元柔度方法,优化了结构构件的计算,这是一种采用力插值函数的梁单元模型,并可以较好地解决材料的非线性问题。有限元柔度方法的建立是基于使单元内部力与单元节点力满足力的平衡方程,从而推导出有限元公式。有限元柔度方法可以避免直接对单元内部位移场进行描述的问题,国内外学者已经采用有限元柔度方法对变截面梁进行了研究,并取得了一定的成果。

1.2.3　半刚性框架研究现状

多年前,国内外科研工作者们就开始了对半刚性节点的研究。Wilson 和 Moore 对铆钉连接的柔度进行了具有划时代意义的首次研究。虽说二人当时没有意识到半刚性连接的意义,但是从此次试验之后,越来越多的科研工作人员开始针对半刚性节点进行研究。

1936 年,Rathbun 等人在研究了半刚性节点的转角弯矩曲线后,将半刚性节点加载曲线的刚度值定为转角弯矩曲线开始阶段的曲率求导值。

人类社会经济的发展,促进了科学技术水平的提高。而高等计算机知识技术的创立和发展在很大程度上给自然科学的研究加上了翅膀。20 世纪中叶,螺栓的应用促进了建筑行业的发展,而螺栓与结构的连接大部分属于半刚性节点,这就使得越来越多的科研工作者开始通过计算机模拟技术来进行半刚性节点的模拟分析。1975 年,Frye 等人分别对常用的几种半刚性节点形式进行了弹性分析,它们分别是 T 型钢连接、顶底角钢连接、带腹板的单(双)角钢连接、带腹板双角钢的顶底角钢连接、矮端板连接异界外伸、平齐端板连接。

1980 年,Jones 等人采用矩阵位移法研究半刚性节点时发现,对半刚性节点位移矩阵进行矩阵修补能够良好地求得位移矩阵中各个参量与杆件的线性长度、刚度和半刚性节点的关系,具体的做法是将位移矩阵中的固端矩阵和刚度弹性矩阵进行线性修正。

1991 年,Yoshiaki 等人在对半刚性框架中双面角钢进行连接时发现,双线性规则模拟所得到的结果能够良好地反映此类节点的真实性能。

1992 年,Jackson 针对不同类型的半刚性节点进行了单调加载试验和循环荷载节点试验,试验结果显示半刚性组合节点能够显著地提高钢框架的强度、刚度以及延性等性能。

1999 年,Kukreti 等人在大量实际灾害研究中发现,结构的承载力极值和结构的整体刚度与半刚性框架节点连接处的具体连接形式有很大的关系。

2008 年,Nader 等人进行了振动台试验,分别对铰接、刚性连接和半刚性连接的梁柱节点下的钢结构框架进行了分析,得出结论:在地震作用下,半刚性节点具有良好的延性,而且半刚性连接的钢框架的侧移量并不会比刚性连接的钢框架的侧移量大。这之后,他们又通过单层单跨钢结构的框架结构的振动台试验,得出在地震荷载的作用下半刚性连接钢框架的侧移量与刚性连接钢框架相差无几,并且发现合理的半刚性连接能够表现出更加优良的延性。

国内外学者在半刚性连接方面做了大量工作,但我国对半刚性连接节点的研究相对于国外起步较晚。半刚性连接的非线性性质决定了该连接的复杂性,而结构的几何非线性和构件剪切变形的影响又增加了问题的复杂程度,因而对半刚性连接钢框架的静动力性能需要做深入研究。

1992 年,沈祖炎等人在研究梁柱半刚性连接钢框架时从两个角度出发,分别发现,当遭遇强烈地震波时梁柱连接处半刚性节点的强度对其位移的影响几乎可以忽略不计,而梁柱连接处半刚性节点的刚度对其位移的影响却有着举足轻重的作用。

2000 年,陈绍蕃在对门式刚架体系进行研究时深入分析了此体系中螺栓节点处的半刚性连接难题。彭福明等人在总结了前人的研究结果后得出螺栓连接的半刚性节点性能只受节点的影响的结论。

2002 年,郭成喜受陈绍蕃对于门式刚架中螺栓节点处的半刚性连接的研究的启发,继续更深入地分析了门式刚架中半刚性节点处的受力问题,在其中他用到了结构单元分析理论中的矩阵式推演方法。

2004 年,石永久等人发现,半刚性连接钢框架梁柱端板处的连接符合半刚性节点的特点,并通过相关试验得出与梁柱端板有关的各个因素对其性能的影响,其中梁柱端板上栓杆形状尺寸、端板形状尺寸、梁柱端板处是否加劲肋以及端板固定方式等因素都在一定程度上影响了此半刚性节点的性能。

2007 年,刘清平等人在对梁柱半刚性连接钢框架进行单向水平循环往复荷载试验后,分析计算出此类框架的弹性阶段性能和部分塑性阶段性能,对其结构破坏机制也进行了深入研究。

2008 年,石文龙等人收集考证了许多资料后,将近些年来科研工作者们在梁柱半刚性连接钢框架领域的相关试验及计算机模拟成果进行了分析汇总,在众多的研究成果中分析得出几种经济合理、强度高、抗震性能优秀的半刚性节点。

2010 年,侯颖等人在应用 ANSYS 软件对梁柱半刚性连接钢框架进行建模模拟分析后发现,无论钢框架的梁柱节点是怎样的节点形式,其在刚度方面的破坏机制、破坏形式基本都是一样的。

综上所述,跟传统的梁柱连接方式相比,半刚性节点部分采用螺栓连接,避免了一定的焊接缺陷,这就使得其在施工方便、质量效果好的前提下,又保证了良好的抗震性能。然而,半刚性节点在实际工程中并没有太多的应用。半刚性连接方式复杂的原理使得其结构设计相对复杂,这从另一个方面表明,对半刚性框架性能的研究还要更深入地开展,相关规范也要进一步得到完善。

第 2 章 变截面支撑

2.1 引言

　　本章是围绕工形变截面支撑进行的,先利用 ANSYS 有限元程序对工形变截面支撑弹塑性稳定性能进行了系统分析,在大量算例分析的基础上,给出了验算工形变截面支撑整体稳定的实用方法。继而在变截面支撑稳定性能研究的基础上,利用 ANSYS 有限元程序分别对工形变截面支撑、方钢管变截面支撑和圆钢管变截面支撑在低周循环荷载作用下的受力性能进行了研究,分析了长细比和楔率等参数对变截面支撑承载力、刚度和耗能能力的影响,并与相应等截面支撑进行了对比分析,同时在保证用钢量相同的前提下,分别对方钢管变截面支撑和圆钢管变截面支撑的弹塑性稳定性能与相应等截面进行了对比研究,分析了长细比和楔率等参数对变截面支撑弹塑性稳定极限承载力的影响。

　　利用试验分析与理论分析相结合的研究方法,通过试验分析变截面支撑试件在循环往复荷载作用下的滞回性能,设计并加工了 12 根不同截面形状、截面尺寸的变截面钢支撑试件进行低周往复循环荷载拟静力试验,观察、记录支撑试件破坏位置、破坏模式等试验现象,分析总结变截面支撑试件破坏机理;分析试验数据,总结出变截面支撑的端部截面尺寸、截面形状、用钢量、长细比、楔率等因素与其滞回性能的关系,并进行试验现象、滞回曲线、骨架曲线以及耗能能力的分析总结;分析比较每根支撑试件的总耗能能力和平均耗能能力,确定试验阶段耗能能力最好的变截面支撑,并建立此支撑的有限元模型,将有限元数据与试验数据进行对比分析。

2.1.1 变截面支撑介绍

　　多高层钢结构大多是框架结构形式,框架结构主要分为两种:纯钢框架和钢框架 – 支撑结构体系。纯钢框架是由梁和柱单纯组成的无支撑框架,其梁柱连接形式一般为刚接。纯钢框架的优点是结构简单、施工速度快、经济性能好,对于结构层数不超过 30 层的建筑结构来说,纯钢框架施工周期短、经济合理。

　　纯钢框架结构轻质高强,结构构件尺寸较小,结构的整体侧移刚度偏低,常规钢结构设计中常采用侧向支撑构件等措施来满足其使用要求。但是,纯钢框架侧移刚度很差,当建筑结构超过 30 层,结构将在水平荷载作用下产生较大侧向位移,影响正常使用。

与纯钢框架结构相比,钢框架－支撑结构体系在结构抗侧移方面有着明显的优势。钢框架－支撑结构体系分为中心支撑和偏心支撑两种。抗风结构中一般采用框架中心支撑结构体系,这是因为风荷载作用不强烈,能够保证中心支撑在弹性范围内受力,由于没有进入弹塑性阶段,中心支撑不会侧向屈曲。中心支撑抗侧移能力强且经济适用,非常适合应用于抗震设防烈度不高的地区。可是,当地震波强度较高时,框架体系中的中心支撑构件受力过大发生屈曲失稳,这会使得整个结构的刚度迅速地降低,支撑不再耗能,结构体系遭到破坏。如果为了让中心支撑构件在强烈的地震波作用下不致失稳屈曲而一味增大结构用钢量,这又会使得结构整体经济性能不好。相对于框架中心支撑体系,框架偏心支撑体系抗震性能更好,可以被应用于抗震设防烈度较高的地区。它不仅刚度大、抗侧移能力强,而且在具有很优秀的极限承载力的前提下又保证了一定的延性和经济性能。可是,当承受强烈的地震波作用时,结构虽没有被破坏,但其结构内持荷梁部分变形十分严重,这会带来设计上难以准确计算结构耗能和灾难后难以修补的双重难题。

大量实际工程案例表明,对于轴心受压杆来说,如果端部都采用铰接的连接方式,其受压后弯矩呈现出中间弯矩最大,然后向杆件的两端逐步减小到零的态势,并且杆件受压后形状会变为沿着杆轴的正弦波形,因此,将支撑设计成中间截面大、两端截面小的变截面形式将显著提高支撑的稳定性能和经济性能。

基于以上原因,本章第三、四节将设计加工一系列变截面支撑试件,分别从试验和有限元模拟两方面研究变截面支撑试件的滞回性能。

2.1.2　变截面支撑特点

普通钢支撑是钢结构建筑抗侧力体系中最常见的一种体系,其构造简单,抗侧刚度大,可以有效地限制结构的侧向位移,在多高层钢结构建筑中应用广泛。但是由于普通钢支撑容易受压失稳受拉屈服,而失稳后支撑承载力快速降低,不利于支撑继续承担水平荷载,同时也不利于建筑物的能量耗散。为了改善普通支撑所面临的以上问题,国外研究者首先提出防屈曲支撑的概念,经过多年探索研究,已广泛应用于实际工程中。事实证明,防屈曲支撑可以有效地避免支撑受压后的屈曲失稳,同时由于其内芯板件很容易进入全截面屈服状态,可以更好地消耗地震作用,从而避免地震时建筑结构的大规模破坏。但是由于防屈曲支撑本身构造的复杂性,导致影响其工作性能的因素繁多,设计计算复杂;同时防屈曲支撑制作精度、成本偏高,有碍于其在经济欠发达地区的推广应用。因此,本章第五、六节提出一种设计计算、构造相对简单的变截面全钢支撑来中和上述两种钢支撑的优缺点。

在实际工程中,支撑与柱多做成由焊缝连接的刚接形式,而对支撑进行设计计算时则按照支撑两端铰接计算。根据两端铰接偏心受压杆受压时杆端弯矩和变形为零、杆中弯矩和变形最大的特点,将支撑设计成中间大两端小的楔形构件无疑会改善其稳定性。同时,由于增大了支撑中部截面面积,支撑受压时塑性区域由中部向两端外移,可以形成更大的塑性区域,更有利于其在地震作用下的能量耗散。另外,由于支撑端部截面相对较小,在其与柱的连接节点处构造相对简单,有效地避免了支撑端部截面强度被破坏等问题。

2.2　楔形变截面支撑的稳定性能

　　根据截面形式不同,本节将对三种变截面支撑的稳定性能做理论研究。三种类型变截面支撑分别为:(1)工形变截面支撑;(2)方钢管变截面支撑;(3)圆钢管变截面支撑。其中,对于工形变截面支撑的稳定性能研究主要从其弹性特征值屈曲入手,通过对特征方程数学精确解的数值拟合得到适合工程应用的简便公式,继而在弹性稳定分析的基础上应用 ANSYS 有限元程序考察其弹塑性稳定极限承载能力,最后给出该类型支撑的稳定设计方法;而对于方钢管、圆钢管变截面支撑的稳定性能研究,主要是在前人的理论基础上做用钢量相同情况下变截面支撑与等截面支撑稳定性能的对比分析,最后给出这两种类型支撑的设计建议。

2.2.1　翼缘楔形工形截面支撑的稳定性能

　　通常情况下,钢支撑构件的设计主要由其受压稳定性能起控制作用,由于支撑在地震荷载的作用下受压易发生失稳,我国《建筑抗震设计规范》(GB 50011—2010)、《钢结构设计规范》(GB 50017—2003)和《高层民用建筑钢结构技术规程》(JGJ 99—2015)对抗震设防建筑中支撑构件长细比有相应的限制规定。因此,对于支撑工作性能的研究首先落在对其受压稳定性的研究上,而构件的受压稳定性研究要从构件的弹性稳定性研究入手。对于无任何初始缺陷的理想轴心受压构件,采用小挠度理论,同时考虑荷载的二阶效应并忽略屈曲前变形,可以建立其平衡微分方程,该微分方程的特征值即为构件的弹性屈曲荷载系数,特征函数即为构件的屈曲模态。

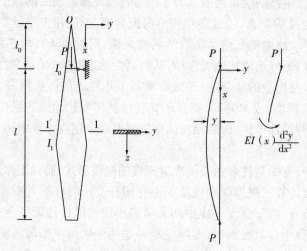

图 2-1　变截面轴心受压构件示意图

如图 2-1 所示,两端对称的变截面轴心受压构件,两端部截面惯性矩为 I_0 ,中部截面惯性矩为 I_1 , O 点处截面惯性矩为零,截面 1-1 形式任意。构件两端铰接,考虑对称性,取其上半部为研究对象,其平衡微分方程如下式:

$$EI(x)\frac{\mathrm{d}^2y}{\mathrm{d}x^2} + Py = 0 \tag{2-1}$$

式中: E 为弹性模量, $I(x)$ 为构件截面惯性矩,是 O 点到截面 1-1 距离 x 的函数。假设 $I(x)$ 按幂次方规律分布,即:

$$I(x) = I_1 \cdot \left(\frac{x}{a}\right)^m \tag{2-2}$$

式中: a 为中部截面到 O 点的距离,即 $a = l_0 + l/2$; I_1 为中部截面惯性矩。

将式(2-2)代入式(2-1)中,有:

$$EI_1 \cdot \left(\frac{x}{a}\right)^m \cdot \frac{\mathrm{d}^2y}{\mathrm{d}x^2} + Py = 0 \tag{2-3}$$

或简化为:

$$x^m \cdot \frac{\mathrm{d}^2y}{\mathrm{d}x^2} + \frac{Pa^m}{EI_1} + Py = 0 \tag{2-4}$$

方程(2-4)为二阶变系数微分方程,对其积分时将引入两个任意常数。根据以下的两个边界条件可以确定这些常数:

(1)在构件端部截面处,即 $x = l_0$ 处, $y = 0$;

(2)在构件中部截面处,即 $x = a = l_0 + l/2$ 处, $y' = 0$ 。

由以上两个边界条件可以得到一个线性方程组,使该方程组行列式为零,便可以导出求解轴心受压构件临界荷载的方程,而且该方程具有与欧拉公式相似的形式:

$$P_{cr} = \frac{KEI_1}{l^2} \tag{2-5}$$

式中: K 为稳定系数。记 $U^2 = Pa^m/EI_1$ 为导出方程的根,并引入中间辅助量 k ,则 K 可由下式得出:

$$K = U^2(1-k^2)^2, k^{2m} = \frac{I_0}{I_1} \tag{2-6}$$

变系数微分方程(2-4)的求解比较复杂,通常需要借助贝塞尔函数积分。当 $m \neq 2$ 时,方程(2-4)可以被积分成 $1/(m-2)$ 阶贝塞尔函数,对于不同的 m 值,文献给出了求解 U 的理论表达式。

（1）弹性特征值屈曲

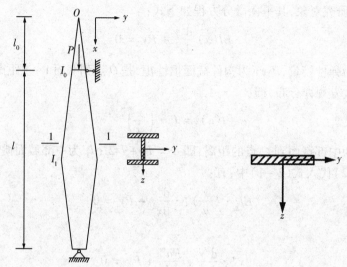

图 2 - 2　工形变截面支撑示意图　　　图 2 - 3　单侧翼缘截面示意图

如图 2 - 2 所示，工形变截面支撑沿其轴线方向腹板高度 h_0 不变、翼缘宽度 b 按线性变化，且端部最小、中部最大。对于本节所研究的支撑构件，绕其弱轴（z 轴）的失稳问题更为突出，考虑支撑两侧翼缘的对称性，同时忽略腹板绕 z 轴的惯性矩，那么可以得知单侧翼缘板（如图 2 - 3 所示）绕 z 轴的截面惯性矩是沿轴线坐标 x 的三次函数，即式（2 - 2）中 $m = 3$，则其平衡微分方程可表示为：

$$EI_1 \cdot \left(\frac{x}{a} \right)^3 \frac{\mathrm{d}^2 y}{\mathrm{d}x^2} + Py = 0 \qquad (2-7)$$

令 $U^2 = \dfrac{Pa^3}{EI_1}$，并利用 $\dfrac{1}{m-2} = \dfrac{1}{3-2} = 1$ 阶贝塞尔函数，式（2 - 7）可被积分成：

$$y = \sqrt{x} \left[AJ_1 \left(\frac{2U}{\sqrt{x}} \right) + BY_1 \left(\frac{2U}{\sqrt{x}} \right) \right] \qquad (2-8)$$

将几何边界条件代入式（2 - 8）的通解，并令所得的线性方程组行列式为零，可以得到屈曲临界荷载的特征方程为：

$$\frac{J_1 \left(\dfrac{U}{k} \right) \cdot Y_2(U) - Y_1 \left(\dfrac{U}{k} \right) \cdot J_2(U)}{J_1 \left(\dfrac{U}{k} \right) \cdot Y_1(U) - Y_2 \left(\dfrac{U}{k} \right) \cdot J_2(U)} = 0 \qquad (2-9)$$

（2 - 8）、（2 - 9）式中：J_1、J_2 分别为 1 阶和 2 阶第一类圆柱函数，Y_1、Y_2 分别为 1 阶和 2 阶第二类圆柱函数；根据式（2 - 4）又知 $k^6 = I_0 / I_1$。

求解特征方程（2 - 9）可以得到中间辅助量 U，则稳定系数 K 可由式（2 - 6）得出，进一步由式（2 - 5）得出整个构件的弹性屈曲荷载。同时还可以看出，稳定系数 K 只与构件端部惯性矩和中部惯性矩的比值 I_0 / I_1 有关系。然而，通过直接解方程（2 - 9）无法将辅助

量 U 表示成初等函数形式,即稳定系数 K 没有显式表达式,因此需要利用其他手段来求解稳定系数 K。

①稳定系数 K 的数值拟合

为了简化计算,这里采用数值方法对稳定系数 K 的数学精确解进行曲线拟合,并运用有限元程序验证拟合曲线的合理性。

定义 γ 为变截面支撑的楔率,由下式计算:

$$\gamma = \frac{b_1 - b_0}{b_0} = \frac{b_1}{b_0} - 1 = \sqrt[3]{I_1/I_0} - 1 \qquad (2-10)$$

式中: b_1、b_0 分别为支撑中部截面、端部截面的翼缘宽度。

文献中给出的在不同 I_0/I_1 时稳定系数 K 的数学精确解如表 2-1 所示,表中同时给出了不同 I_0/I_1 时所对应的楔率 γ。从表 2-1 可以看出,这些 K 的数学精确解均是以散点的形式给出的,而实际计算时 I_0/I_1 难免会落入前后两个确定数值的中间,若是利用数值有理插值的方法,会不可避免地引入计算误差,有时甚至误差会很大。

表 2-1　稳定系数 K 的数学精确解

I_0/I_1	0.010	0.026	0.100	0.200	0.400	0.600	0.800	1.000
K	2.55	3.57	5.01	6.14	7.52	8.50	9.23	π^2
γ	3.641 6	2.367 7	1.154 4	0.710 0	0.357 2	0.185 6	0.077 2	0

为了方便应用,对表 2-1 中的数学精确解做多项式数值拟合,可以得到楔率 γ 与稳定系数 K 的关系式如下:

$$K = 0.156\ 5\gamma^4 - 1.414\ 5\gamma^3 + 4.711\ 8\gamma^2 - 7.959\ 9\gamma + \pi^2 \qquad (2-11)$$

式(2-11)与稳定系数 K 的精确解对比情况详见图 2-4,图中虚线表示相邻散点间直线段。从图 2-4 可以看出,当楔率 γ 小于 2.5 时,式(2-11)对精确解的拟合精度很高,而当楔率 γ 大于 2.5 后,式(2-11)的拟合误差较大,最大处甚至超过 5%,已经不再适合用它来求解稳定系数 K。但考虑到本节所研究的工形变截面支撑属小楔率轴心受压构件,楔率通常不会超过 1.5,式(2-11)的拟合效果比较理想。

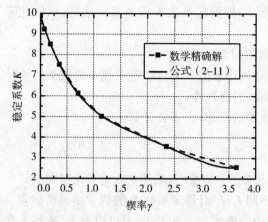

图2-4 稳定系数K与楔率γ的关系

对于工形变截面支撑,根据端部、中部翼缘宽度换算出楔率γ后,便可由式(2-11)得到其稳定系数K,进而通过式(2-5)求得支撑的弹性屈曲荷载。

②有限元法校验拟合公式

前文利用平衡法对工形变截面支撑的弹性特征值屈曲进行了分析,并采取数值拟合的方法给出了求解其弹性稳定承载力的简便算法。接下来,将利用有限元法对工形变截面支撑进行特征值屈曲分析,并将计算结果与式(2-11)进行对比,考察并验证理论公式的正确性。

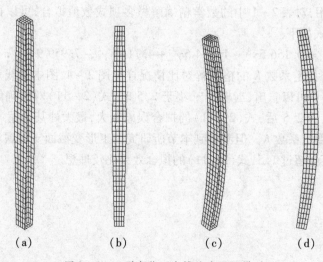

图2-5 工形变截面支撑的有限元模型

工形变截面支撑的有限元模型如图2-5中(a)、(b)所示,为两端铰接;其第一阶屈曲模态如图2-5中(c)、(d)所示,为一正弦半波形式。为了使支撑只沿平面外发生整体失稳,在建立有限元模型时,特别将支撑平面内的线位移设置成零。当支撑长度 l、端部翼缘宽度 b_0(腹板高度 h_0)和楔率γ变化时,通过有限元程序的计算,可以得到在各种参数影响下变截面支撑的第一阶特征值屈曲荷载系数。

取支撑长度 l 分别为 3 000 mm 和 6 000 mm,端部翼缘宽度分别为 50 mm、100 mm 和 150 mm,楔率从 0 变化到 1.5,支撑几何参数详见表 2-2。

表 2-2　工形变截面支撑几何参数表

支撑长度/mm	端部截面尺寸	翼缘宽厚比范围	腹板高厚比	等截面支撑长细比 λ
3 000	100 mm × 50 mm × 6 mm × 10 mm	2.20 ~ 5.95	13.3	252
	100 mm × 100 mm × 8 mm × 10 mm	4.60 ~ 12.10	10.0	120
	200 mm × 150 mm × 8 mm × 12 mm	5.92 ~ 10.92	22.0	82
6 000	100 mm × 50 mm × 6 mm × 10 mm	2.20 ~ 5.95	13.3	504
	100 mm × 100 mm × 8 mm × 10 mm	4.60 ~ 12.10	10.0	240
	200 mm × 150 mm × 8 mm × 12 mm	5.92 ~ 10.92	22.0	163

通过理论式(2-11)和有限元法计算出支撑的弹性特征值屈曲荷载 P_{cr} 与相应支撑端部全截面屈曲荷载 P_{0y} 的比值,计算结果如图 2-6 所示。

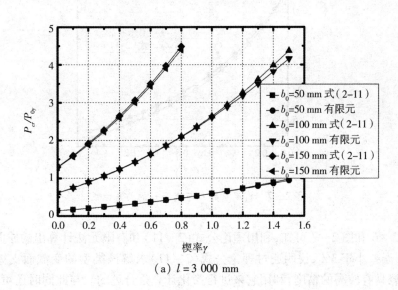

（a）l = 3 000 mm

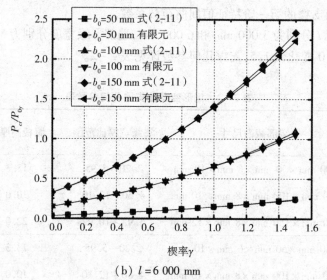

（b）$l = 6\,000$ mm

图 2-6　屈曲荷载系数与楔率 γ 的关系曲线

两种方法计算的稳定系数 K 与楔率 γ 的关系曲线如图 2-7 所示。

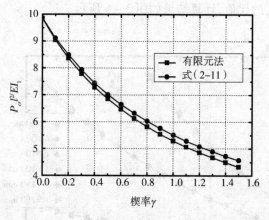

图 2-7　稳定系数 K 与楔率 γ 的关系曲线

　　由图 2-6 和图 2-7 可知,利用理论公式(2-11)和有限元法计算出的屈曲荷载系数非常接近,误差小于 3%,说明通过理论公式(2-11)求解该类型的变截面支撑弹性特征值屈曲荷载具有较高的精度,利用它来进行简化计算是合理的。与此同时还可以看出,随着翼缘板件楔率 γ 的增大,理论公式(2-11)计算结果与有限元法计算结果之间的误差也逐渐增大,特别是支撑长度较短、楔率 $\gamma > 0.8$ 后,计算误差更大,但是仍在允许的误差之内。当支撑长度一定时,对于端部翼缘宽度 b_0 较小的情况,理论公式(2-11)具有较高的精度;但是对于端部翼缘宽度 b_0 较大的情况,随着楔率 γ 的增大,理论公式(2-11)的计算结果略大于有限元法的计算结果,而且楔率 γ 越大,误差也越大。而当端部翼缘宽度 b_0 和楔率 γ 一定时,支撑长度较小的情况误差较大,支撑长度较大的情况误差较小。根据文献[3]，产生这种情况的主要原因是 ANSYS 程序中壳元考虑了构件的横向剪切变形，而横向剪切变形加剧了构件的侧向变形，最终使得构件弹性屈曲荷载有所降低。另外，当构件长细比较小时，剪切变形不可忽略，它对构件承载力的影响较大；而当构件长细比较大时，剪切变形对稳定承载力的计算结果影响不大，有时常被忽略不计。当支撑长度 l 和楔率 γ 一定时，端部截面越大的构件弹性屈曲荷载的提高效果越明显，而端部截面较小的构件弹性屈曲荷载随楔率 γ 变化增幅较平缓。

综上所述，前文通过数值拟合方法得到的理论公式（2－11）精度较高，对于求解工形变截面支撑的弹性屈曲荷载是合理的。

③等效长细比的确定

由于变截面构件沿轴向的截面惯性矩不再是个确定的数值，因此长细比的确定也是本节一项重要研究内容。为了在实际应用时更方便地检验构件的稳定性能，在前文的理论基础上将求解工形变截面支撑弹性屈曲荷载的公式（2－5）做等效变换，取支撑中部截面和端部截面惯性矩的平方根作为支撑的等效惯性矩，并引入计算长度系数对支撑长度进行修正，具体变换方法如下：

记 $I_{eff} = \sqrt{I_0/I_1}$ 为等效惯性矩，$\mu = \dfrac{\pi}{\sqrt[4]{(\gamma+1)^3 \cdot \sqrt{K}}}$ 为计算长度系数，则式（2－5）

可以写成如下形式：

$$P_{cr} = \frac{\pi^2 E I_{eff}}{(\mu l)^2} \quad\quad (2-12)$$

通过以上变换，可以将变截面支撑等效成为等截面支撑，等效截面惯性矩为 I_{eff}，等效长度为 μl。结合式（2－11），计算长度系数 μ 的曲线拟合公式为：

$$\mu = \frac{\pi}{\sqrt[4]{(\gamma+1)^3 \cdot \sqrt{K}}}$$

$$= \frac{\pi}{\sqrt[4]{(\gamma+1)^3 \cdot \sqrt{0.156\,5\gamma^4 - 1.414\,5\gamma^3 + 4.711\,8\gamma^2 - 7.959\,9\gamma + \pi^2}}}$$

$$(2-13)$$

将式（2－12）两端除以支撑端部截面面积 A_0，则支撑的屈曲应力表达式为：

$$\sigma_{cr} = \frac{\pi^2 E I_{eff}}{A_0 (\mu l)^2} = \frac{\pi^2 E}{\lambda_{eff}^2} \quad\quad (2-14)$$

式中，λ_{eff} 为等效长细比，由下式计算：

$$\lambda_{eff} = \frac{\mu l}{\sqrt{I_{eff}/A_0}} \quad\quad (2-15)$$

由式（2－15）可以看出，工形变截面支撑绕其弱轴的等效长细比公式与相应等截面支撑长细比公式具有相似的形式，区别在于变截面构件的截面惯性矩为变量，为了方便计算，需将其等效为常量。

（2）弹塑性稳定极限承载力

在实际工程中，由于受到工艺水平的制约，钢支撑不可能加工制作得完全挺直，再加上运输、存放等原因，构件总是存在着一定几何初始缺陷；受到钢材品种、质级和材性等因素的影响,建筑结构用钢又同时存在着不同程度的材料初始缺陷。因此,实际构件的稳定承载力不可能到达完全理想弹性的效果。为了真实有效地反映出构件的实际工作状态,必须在考虑构件初始缺陷的同时考虑几何非线性和材料非线性对构件的影响。因此,本节将在工形变截面支撑弹性屈曲的理论基础上对其弹塑性稳定极限承载力做进一步研究。

①有限元模型

为了全面考察两端铰接翼缘楔形工形截面支撑的弹塑性稳定极限承载力,利用 AN-SYS 有限元程序中的 SHELL181 单元对不同几何参数的变截面支撑进行非线性屈曲分析。材料为理想弹塑性,弹性模量 $E = 2.06 \times 10^5$ MPa,屈服应力 $\sigma_y = 235$ MPa,材料本构关系如图 2-8 所示。由于不同的几何初始缺陷对模型计算结果影响很大,因此这里统一采取施加 $l/1\,000$ 的整体初弯曲和 $b_1/1\,000$ 的局部板件初弯曲作为模型的几何初始缺陷,其中 l 为支撑长度、b_1 为中部截面翼缘宽度。另外,根据相关规范对抗震设防建筑中支撑板件宽厚比的限制,本节采取控制支撑板件宽厚比限值的方法防止支撑板件的局部稳定,即只考察变截面支撑构件的整体稳定性能。

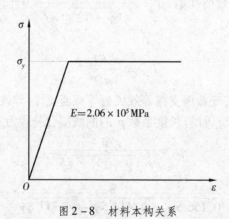

图 2-8　材料本构关系

根据国家现行相关规范对中心支撑构件长细比和板件宽厚比的限制要求,本书选取适当截面的构件进行计算,首先分别选取支撑长度 l 与支撑端部截面绕弱轴回转半径 i 的比值约为 120、80、60 的等截面试件,然后通过增加支撑中部翼缘宽度的方法设计出工形变截面支撑,有限元试件几何参数详见表 2-3。

表 2-3　工形变截面支撑有限元计算试件几何参数表

编号	中部截面尺寸 $(h_0/mm) \times (b_1/mm) \times (t_w/mm) \times (t/mm)$	端部截面尺寸 $(h_0/mm) \times (b_0/mm) \times (t_w/mm) \times (t/mm)$	支撑长度 /mm	等效长 细比 λ_{eff}	楔率 γ
H1	$200 \times 100 \times 8 \times 10$	$200 \times 100 \times 8 \times 10$	2 660	120	0
H2	$200 \times 120 \times 8 \times 10$	$200 \times 100 \times 8 \times 10$	2 660	98	0.2
H3	$200 \times 140 \times 8 \times 10$	$200 \times 100 \times 8 \times 10$	2 660	84	0.4
H4	$200 \times 160 \times 8 \times 10$	$200 \times 100 \times 8 \times 10$	2 660	73	0.6
H5	$340 \times 250 \times 10 \times 16$	$340 \times 250 \times 10 \times 16$	4 900	80	0
H6	$340 \times 275 \times 10 \times 16$	$340 \times 250 \times 10 \times 16$	4 900	72	0.1
H7	$340 \times 300 \times 10 \times 16$	$340 \times 250 \times 10 \times 16$	4 900	66	0.2
H8	$340 \times 325 \times 10 \times 16$	$340 \times 250 \times 10 \times 16$	4 900	60	0.3
H9	$400 \times 300 \times 16 \times 20$	$400 \times 300 \times 16 \times 20$	4 300	60	0
H10	$400 \times 330 \times 16 \times 20$	$400 \times 300 \times 16 \times 20$	4 300	54	0.1
H11	$400 \times 350 \times 16 \times 20$	$400 \times 300 \times 16 \times 20$	4 300	51	0.167

左侧栏：工形变截面支撑

②有限元计算结果分析

工形变截面支撑试件的有限元计算结果如图 2-9 至图 2-19 所示。

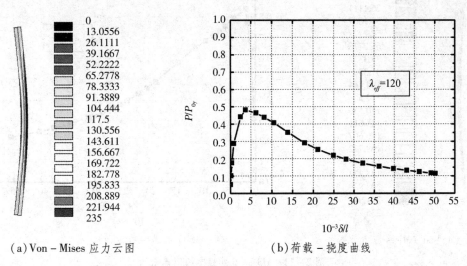

（a）Von - Mises 应力云图　　　　　（b）荷载 - 挠度曲线

图 2-9　H1 支撑弹塑性稳定极限承载力

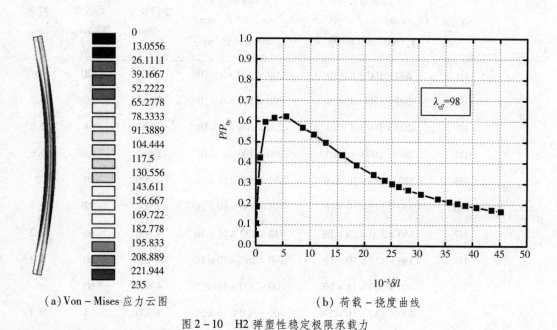

（a）Von – Mises 应力云图　　　　　（b）荷载－挠度曲线

图 2 – 10　H2 弹塑性稳定极限承载力

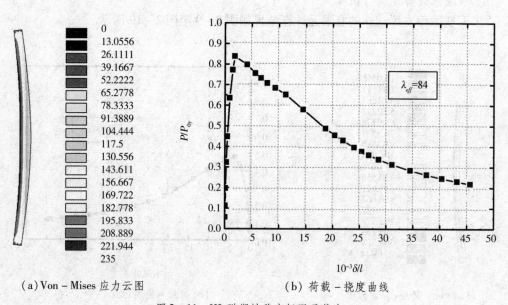

（a）Von – Mises 应力云图　　　　　（b）荷载－挠度曲线

图 2 – 11　H3 弹塑性稳定极限承载力

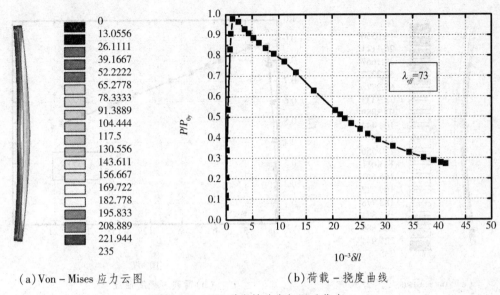

| （a）Von–Mises 应力云图 | （b）荷载–挠度曲线 |

图 2–12　H4 弹塑性稳定极限承载力

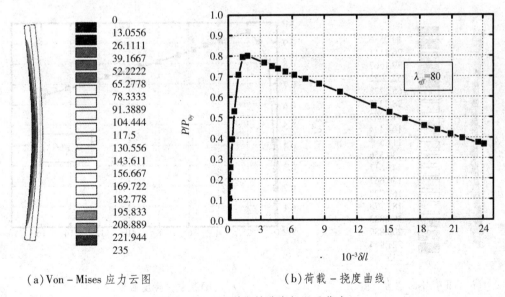

| （a）Von–Mises 应力云图 | （b）荷载–挠度曲线 |

图 2–13　H5 弹塑性稳定极限承载力

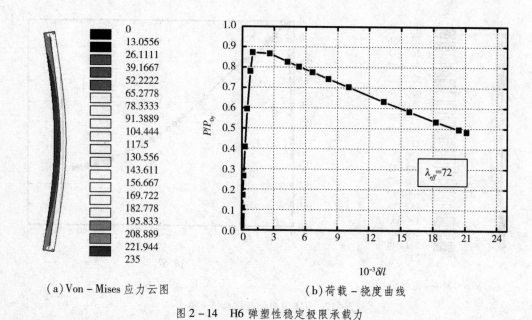

（a）Von–Mises 应力云图 　　　　　　　　（b）荷载–挠度曲线

图 2 – 14　H6 弹塑性稳定极限承载力

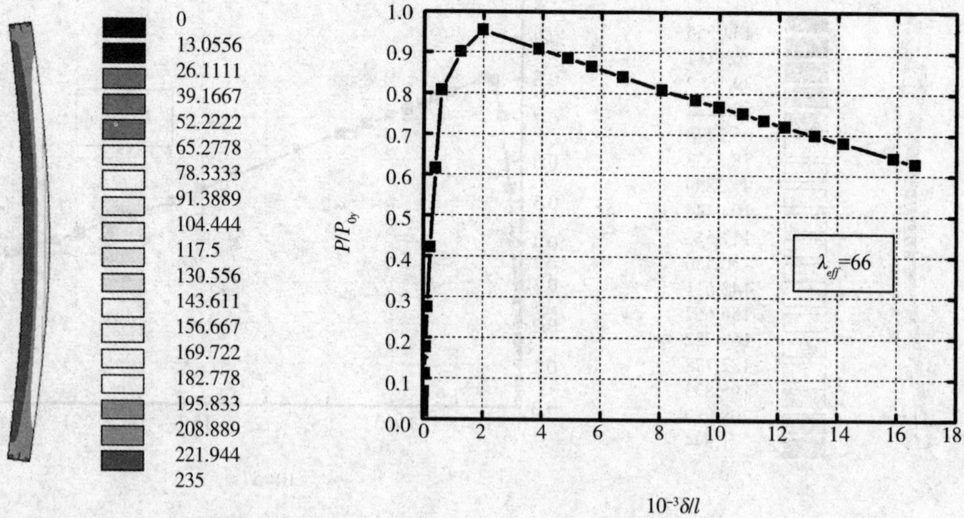

（a）Von–Mises 应力云图 　　　　　　　　（b）荷载–挠度曲线

图 2 – 15 H7 弹塑性稳定极限承载力

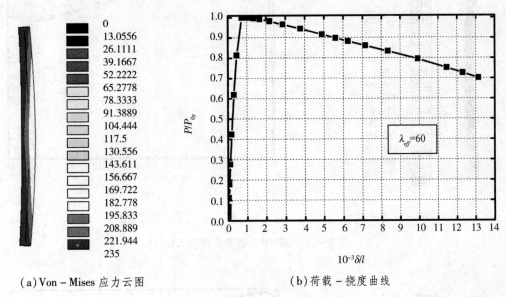

（a）Von – Mises 应力云图　　　　　　　（b）荷载 – 挠度曲线

图 2 – 16　H8 弹塑性稳定极限承载力

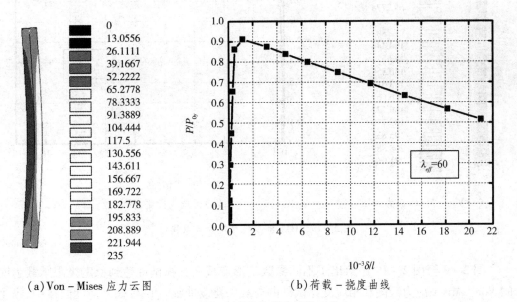

（a）Von – Mises 应力云图　　　　　　　（b）荷载 – 挠度曲线

图 2 – 17　H9 弹塑性稳定极限承载力

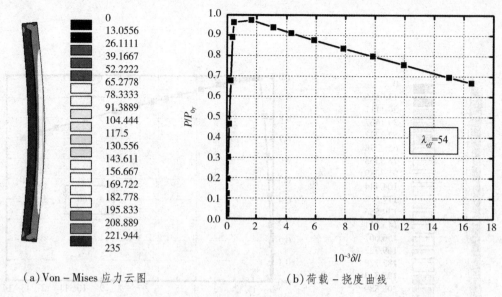

（a）Von-Mises 应力云图　　　　　　（b）荷载-挠度曲线

图 2-18　H10 弹塑性稳定极限承载力

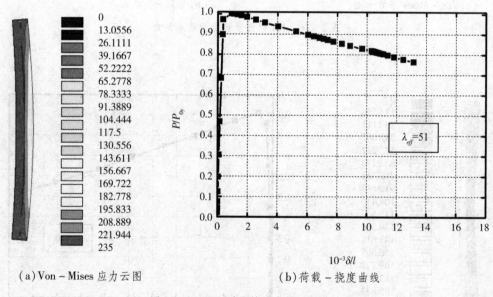

（a）Von-Mises 应力云图　　　　　　（b）荷载-挠度曲线

图 2-19　H11 弹塑性稳定极限承载力

　　图 2-9 至图 2-19 中给出了不同参数工形变截面支撑试件达到稳定极限承载力时的 Von-Mises 应力云图和相应支撑试件的荷载-挠度曲线。在荷载-挠度曲线中,纵坐标为外荷载 P 与端部截面全截面屈服荷载 P_{0y} 的比值,横坐标为支撑中部最大侧向挠度 δ 与支撑长度 l 的比值。由图 2-9 至图 2-19 可以得出如下结论:

　　a.有关变截面支撑的塑性发展和破坏模式:

　　对于等截面支撑(如图 2-20 试件 H1 所示),支撑中部凹侧翼缘边缘最早进入塑性,并随侧向挠度的增加逐渐向支撑翼缘纵向形心线和支撑两端发展,直至侧向挠度过大支撑发生失稳,此时翼缘塑性区域面积很小,端部截面一般没有进入塑性[如图 2 - 20 试件 H1(b)所示]。对于变截面支撑,在端部截面面积一定的情况下,楔率较小的支撑与相应等截面支撑具有相同的塑性发展规律和破坏模式(如图 2 - 20 试件 H2 所示),而对于楔率较大的支撑,其塑性初始位置偏离支撑中部截面(如图 2 - 20 试件 H4 所示),塑性区域逐渐向支撑两端发展,直至端部截面完全进入塑性,而且塑性区域呈现出关于支撑中部截面对称的分布模式;当支撑达到极限承载力时,楔率 γ 越大,支撑翼缘进入塑性的面积也越大。

b. 有关变截面支撑的弹塑性稳定极限承载力:

在长度和端部截面一定的情况下,支撑的弹塑性稳定极限承载力随着楔率 γ 的增加显著提高。当支撑达到极限承载力时,对于长度 l 与端部截面回转半径 i_0 的比值较大的支撑,需要较大的楔率 γ 才能使其端部截面完全进入塑性,例如图 2 - 12 所示的试件楔率 γ 为 0.6;而对于长度 l 与端部截面回转半径 i_0 的比值较小的支撑,仅需要较小的楔率 γ 便可以使其端部截面完全进入塑性,例如图 2 - 19 所示的试件楔率 γ 为 0.167。由此可见,无论哪种情况,楔率 γ 不太大就可以显著提高支撑构件的稳定极限承载力。

通过对工形变截面支撑弹塑性稳定极限承载力的研究发现,相比以往的等截面支撑,变截面支撑的塑性发展和破坏模式均有所改变,在极限承载力显著提高的同时,更能充分地利用建筑材料,是一种合理的构件形式。

(3)整体稳定验算方法

为了方便验证变截面支撑的整体稳定性能,本节对变截面支撑的稳定验算进行分析。

①等效整体稳定系数

参考等截面轴心受压构件整体稳定的验算方法,在前文确定了变截面支撑等效长细比的基础上,定义等效整体稳定系数:

$$\varphi_{eff} = \frac{P_u}{A_0 f_y} \qquad (2-16)$$

式中: P_u 为变截面支撑的弹塑性稳定极限承载力, A_0 为变截面支撑端部截面面积, f_y 为钢材屈服应力。

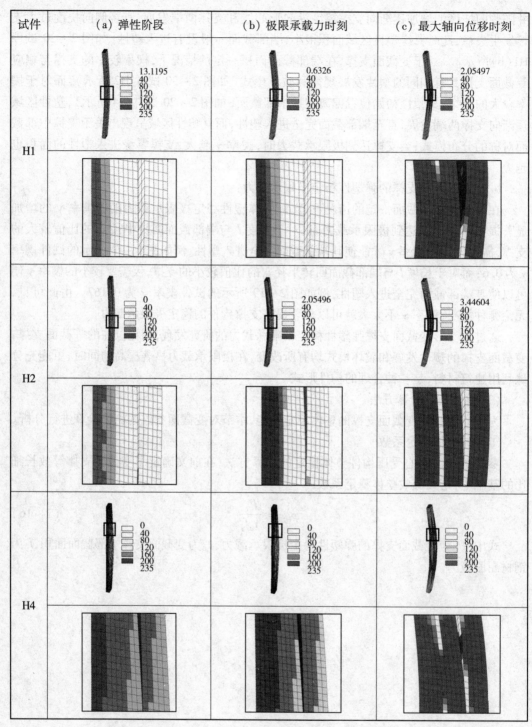

图 2-20　变截面支撑塑性发展及破坏模式

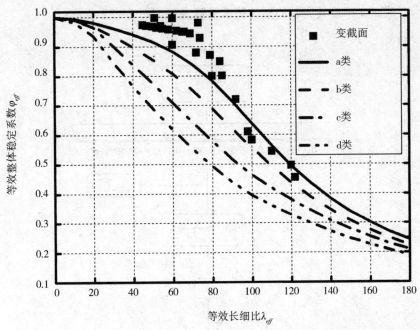

图 2 - 21　等效整体稳定系数 φ_{eff} 与等效长细比 λ_{eff} 的关系曲线

　　选取工程中常用的长细比范围（$\lambda = 40 \sim 120$）对工形变截面支撑进行弹塑性稳定极限承载力计算，得到的等效整体稳定系数 φ_{eff} 与等效长细比 λ_{eff} 的关系曲线如图 2 - 21 所示，图中还分别给出了 a 类、b 类、c 类和 d 类柱子曲线作为比对。从图中可知，当等效长细比较大时，等效整体稳定系数落在 a 类和 b 类柱子曲线之间；而当等效长细比较小时，等效整体稳定系数偏大且超过了 a 类柱子曲线。根据规范，对翼缘与腹板轧制的工形截面，其绕弱轴的整体稳定按 b 类柱子曲线来验证；对于翼缘与腹板焊接的工形截面，其绕弱轴的整体稳定按 c 类柱子曲线来验证。在计算变截面的支撑弹塑性稳定极限承载力时，由于本书假设构件材料为理想弹塑性，且只考虑了构件整体初弯曲的几何缺陷，并没有考虑残余应力等其他影响轴心受压构件整体稳定性能的因素，因此得到的等效整体稳定系数偏大。同时，等效长细比较小的支撑构件塑性发展规律和破坏模式的改变，使得其稳定承载力大幅提高，所以此时的等效整体稳定系数普遍高于 a 类柱子曲线。考虑实际使用时变截面支撑的翼缘与腹板为焊缝连接，所以这里建议，工形变截面支撑其绕弱轴的整体稳定按 b 类柱子曲线进行验证。

　　②整体稳定验算流程

　　经上述分析，当得知工形变截面支撑端部翼缘宽度 b_0、中部翼缘宽度 b_1 后，按照式（2 - 10）计算出楔率 γ，再由式（2 - 13）得到计算长度系数 μ，进而由式（2 - 15）得到变截面支撑的等效长细比，最后根据等效长细比查询相应柱子曲线中的 φ 值，由下式验算支撑的整体稳定：

$$\frac{N}{\varphi A_0} \leqslant f \qquad (2 - 17)$$

式中：A_0 为变截面支撑端部截面面积；f 为钢材抗压强度设计值。

工形变截面支撑绕其弱轴的整体稳定验算流程如图 2 - 22 所示：

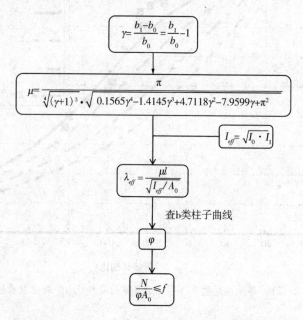

$$\gamma=\frac{b_1-b_0}{b_0}=\frac{b_1}{b_0}-1$$

$$\mu=\frac{\pi}{\sqrt[4]{(\gamma+1)^3}\cdot\sqrt{0.1565\gamma^4-1.4145\gamma^3+4.7118\gamma^2-7.9599\gamma+\pi^2}}$$

$$I_{eff}=\sqrt{I_0\cdot I_1}$$

$$\lambda_{eff}=\frac{\mu l}{\sqrt{I_{eff}/A_0}}$$

查b类柱子曲线

$$\varphi$$

$$\frac{N}{\varphi A_0}\leqslant f$$

图 2 - 22　工形变截面支撑绕弱轴的整体稳定验算流程

2.2.2　其他截面形式支撑的稳定性能

在实际工程中，支撑截面形式除了工形截面外，最常用到的还有方钢管截面和圆钢管截面。文献详细地介绍了梭形方钢管、圆钢管柱的弹性和弹塑性稳定性能，并给出了这两种变截面形式受压柱的稳定设计方法。本节将以此作为理论基础，重点研究相同用钢量时不同楔率对方钢管支撑和圆钢管支撑的弹塑性稳定极限承载力的影响，并提出设计建议供工程人员参考。

从安全角度出发，钢框架体系中的支撑构件一般不允许出现板件局部屈曲，为此，《建筑抗震设计规范》（GB 5011 - 2010）对支撑板件宽厚比限制有严格规定。同 2.2.1 节，本节在研究方钢管和圆钢管变截面支撑弹塑性稳定性能时仍然限制板件宽厚比在允许范围之内，重点研究支撑的整体稳定性能。从经济角度出发，为了充分利用钢材，对于用钢量相同时不同楔率变截面支撑的稳定性能的对比研究是变截面支撑稳定性能研究的重要内容，同时也是说明变截面支撑优势所在的重要依据。为此，本节首先选取适当截面尺寸、长细比的等截面支撑，再通过缩小端部截面尺寸、增大中部截面尺寸的方法设计出不同楔率的变截面支撑，最后通过 ANSYS 有限元程序计算它们的弹塑性稳定极限承载力，分析计算结果，得到相同用钢量下变截面支撑的稳定极限承载力的相关规律。

（1）方钢管变截面支撑的稳定性能
①有限元模型

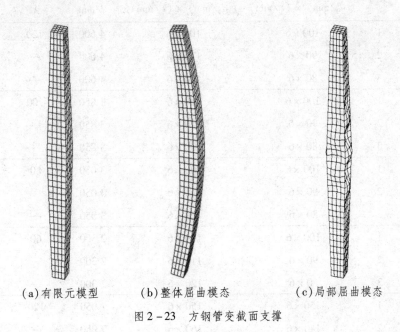

（a）有限元模型　　　（b）整体屈曲模态　　　（c）局部屈曲模态

图2－23　方钢管变截面支撑

利用 ANSYS 程序中 SHELL181 单元建立的方钢管变截面支撑有限元模型如图 2－23（a）所示，计算其弹塑性稳定极限承载力时考虑整体和局部几何初始缺陷，整体初始缺陷大小为 $l/1\,000$，局部初始缺陷大小为 $d_1/1\,000$，l 为支撑长度，d_1 为中部截面外径，初始缺陷形式如图 2－23（b）和（c）所示。屈服应力 $\sigma_y = 235$ MPa，材料本构关系见图 2－8。

经前文分析，通过选取适当截面尺寸、长细比的等截面方钢管支撑，按照前文所述方法设计出方钢管变截面支撑，并利用 ANSYS 有限元程序计算其弹塑性稳定极限承载力，变截面支撑试件几何参数详见表 2－4。

表 2-4　方钢管变截面支撑有限元试件几何参数表

组别	编号	端部截面尺寸 $(d_0/mm) \times (t/mm)$	中部截面尺寸 $(d_1/mm) \times (t/mm)$	长度 l/mm	长细比 λ	楔率 γ
方钢管变截面支撑						
FA1	1	100×6	100×6	4 600	120	0
	2	90×6	110×6	4 600	—	0.22
	3	80×6	120×6	4 600	—	0.5
FA2	1	100×6	100×6	3 850	100	0
	2	90×6	110×6	3 850	—	0.22
	3	80×6	120×6	3 850	—	0.5
FA3	1	100×6	100×6	3 050	80	0
	2	90×6	110×6	3 050	—	0.22
	3	80×6	120×6	3 050	—	0.5
FA4	1	100×6	100×6	2 300	60	0
	2	90×6	110×6	2 300	—	0.22
	3	80×6	120×6	2 300	—	0.5
FB1	1	150×6	150×6	7 050	120	0
	2	140×6	160×6	7 050	—	0.14
	3	130×6	170×6	7 050	—	0.31
	4	120×6	180×6	7 050	—	0.5
FB2	1	150×6	150×6	5 880	100	0
	2	140×6	160×6	5 880	—	0.14
	3	130×6	170×6	5 880	—	0.31
	4	120×6	180×6	5 880	—	0.5
FB3	1	150×6	150×6	4 700	80	0
	2	140×6	160×6	4 700	—	0.14
	3	130×6	170×6	4 700	—	0.31
	4	120×6	180×6	4 700	—	0.5
FB4	1	150×6	150×6	3 525	60	0
	2	140×6	160×6	3 525	—	0.14
	3	130×6	170×6	3 525	—	0.31
	4	120×6	180×6	3 525	—	0.5
FC1	1	250×8	250×8	11 850	120	0
	2	225×8	275×8	11 850	—	0.22
	3	200×8	300×8	11 850	—	0.5

续表

组别	编号	端部截面尺寸 (d_0/mm)×(t/mm)	中部截面尺寸 (d_1/mm)×(t/mm)	长度 l/mm	长细比 λ	楔率 γ
	1	250×8	250×8	9 850	100	0
FC2	2	225×8	275×8	9 850	—	0.22
	3	200×8	300×8	9 850	—	0.5
	1	250×8	250×8	7 900	80	0
FC3	2	225×8	275×8	7 900	—	0.22
	3	200×8	300×8	7 900	—	0.5
	1	250×8	250×8	5 925	60	0
FC4	2	225×8	275×8	5 925	—	0.22
	3	200×8	300×8	5 925	—	0.5

（方钢管变截面支撑）

②计算结果分析

方钢管变截面支撑弹塑性稳定承载力计算结果如图 2-24 至图 2-35 所示。

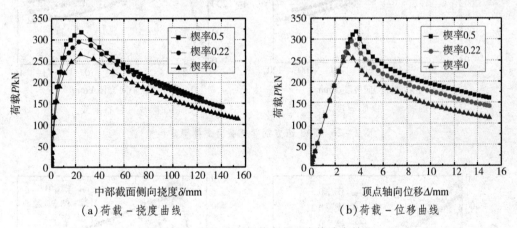

（a）荷载-挠度曲线　　　（b）荷载-位移曲线

图 2-24　FA1 组方钢管变截面支撑稳定性能

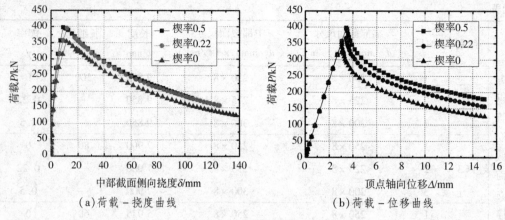

（a）荷载－挠度曲线　　　　　　　　（b）荷载－位移曲线

图 2－25　FA2 组方钢管变截面支撑稳定性能

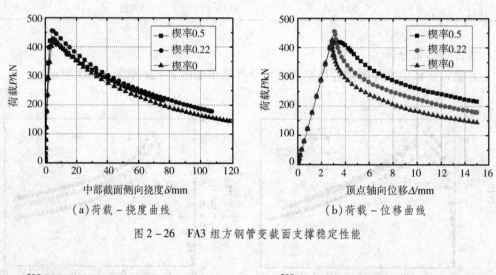

（a）荷载－挠度曲线　　　　　　　　（b）荷载－位移曲线

图 2－26　FA3 组方钢管变截面支撑稳定性能

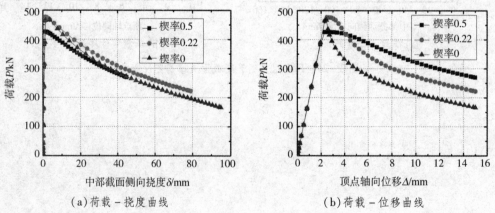

（a）荷载－挠度曲线　　　　　　　　（b）荷载－位移曲线

图 2－27　FA4 组方钢管变截面支撑稳定性能

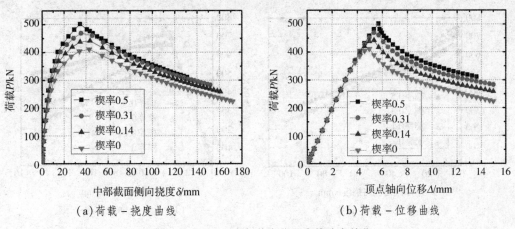

（a）荷载 – 挠度曲线　　　　　　　　（b）荷载 – 位移曲线

图 2 – 28　FB1 组方钢管变截面支撑稳定性能

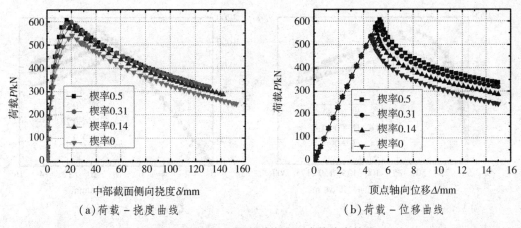

（a）荷载 – 挠度曲线　　　　　　　　（b）荷载 – 位移曲线

图 2 – 29　FB2 组方钢管变截面支撑稳定性能

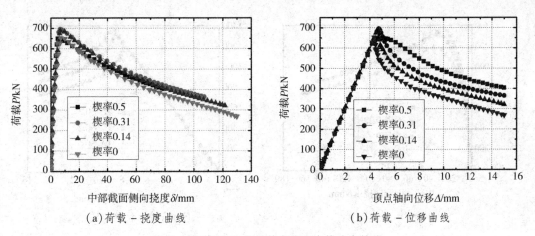

（a）荷载 – 挠度曲线　　　　　　　　（b）荷载 – 位移曲线

图 2 – 30　FB3 组方钢管变截面支撑稳定性能

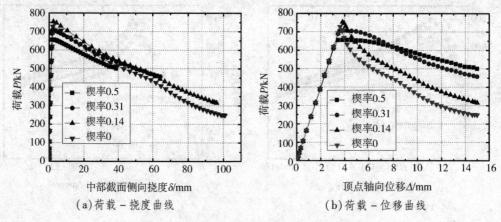

（a）荷载－挠度曲线　　　　　　　（b）荷载－位移曲线

图 2－31　FB4 组方钢管变截面支撑稳定性能

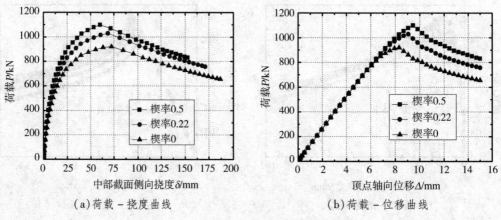

（a）荷载－挠度曲线　　　　　　　（b）荷载－位移曲线

图 2－32　FC1 组方钢管变截面支撑稳定性能

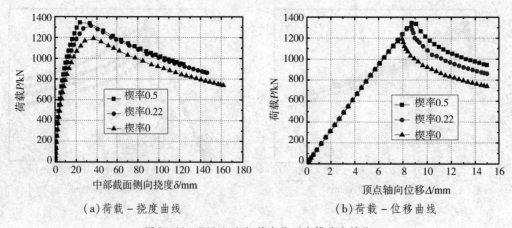

（a）荷载－挠度曲线　　　　　　　（b）荷载－位移曲线

图 2－33　FC2 组方钢管变截面支撑稳定性能

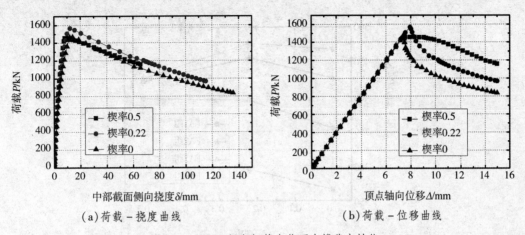

(a)荷载 – 挠度曲线　　　　　　　　　(b)荷载 – 位移曲线

图 2 – 34　FC3 组方钢管变截面支撑稳定性能

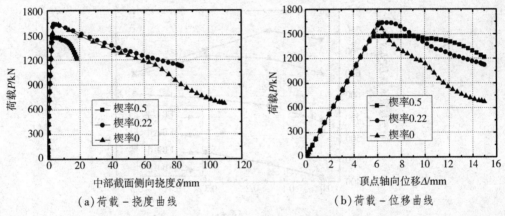

(a)荷载 – 挠度曲线　　　　　　　　　(b)荷载 – 位移曲线

图 2 – 35　FC4 组方钢管变截面支撑稳定性能

图 2 – 24 至图 2 – 35 中,(a)图为试件荷载 – 中部截面侧向挠度曲线,(b)图为荷载 – 位移曲线。各组试件弹塑性稳定极限承载力 P_u 与楔率 γ 关系见图 2 – 36。

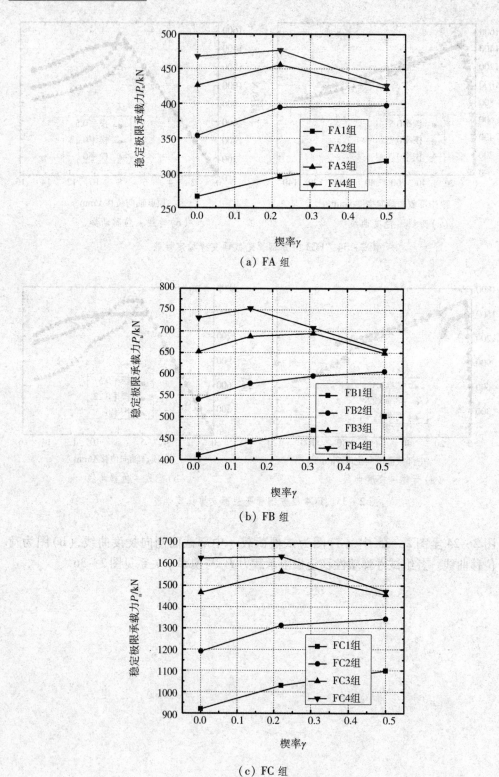

（a）FA 组

（b）FB 组

（c）FC 组

图 2-36　方钢管变截面支撑稳定极限承载力与楔率的关系

在用钢量相同的情况下,由图 2–24 至图 2–35 及图 2–36 可以总结出如下规律:

对于大长细比支撑(FA1/FA2、FB1/FB2、FC1/FC2 组),随其截面变化幅度增大,即随其楔率增大,稳定极限承载力显著提高,例如 FA1、FA2 组中 3 号试件的稳定极限承载力相比同组 1 号试件分别提高 18.52% 和 14.29%;当荷载相同时,楔率大的支撑中部截面侧向挠度小;从其荷载–位移曲线上看,尽管随着楔率增大,稳定极限承载力提高,但是在达到稳定极限承载力后,变截面支撑仍然会发生失稳,承载能力迅速降低。

对于中等长细比支撑(FA3、FB3、FC3 组)和小长细比支撑(FA4、FB4、FC4 组),很小的楔率就能显著提高其稳定极限承载力,例如 FA3 组中 2 号试件的稳定极限承载力相比 1 号试件提高 8.24%;而楔率过大时稳定极限承载力提高不明显,甚至会降低,例如 FA3 组中 3 号试件稳定极限承载力相比 1 号试件降低 1.18%,主要是由于楔率过大,端部截面尺寸过小,支撑的承载能力受到端部截面强度的限制;尽管大楔率支撑承载能力有所下降,但是在支撑达到稳定极限承载力前后,荷载–位移曲线出现明显的平台,且长细比越小,平台越长,失稳后支撑承载力降低也越小。经分析,这主要是由靠近两端部分的板件大面积进入塑性导致的。

图 2–37 分别给出了 FA13、FA41 和 FA43 试件在弹性阶段、稳定极限承载力时刻和轴向加载位移 15 mm 时的 Von–Mises 应力云图。由图可知:对于 FA41 等截面支撑,随外荷载增加,其中部截面附近板件最先进入塑性,并逐渐向两端发展,达到稳定极限承载力时,其端部未完全进入塑性;支撑失稳后,随轴向位移的增加,其承载力逐渐降低,靠近支撑两端的板件应力逐渐降低,中部截面附近板件应力逐渐增大;当轴向加载位移达到 15 mm 时,支撑中部出现严重的应力集中现象,塑性区发展受限。对于 FA43 变截面支撑,在弹性阶段时,端部板件应力最大,随荷载增加,支撑端部截面最早进入塑性并逐渐向支撑中部发展;达到稳定极限承载力时,支撑中部附近板件应力较小,甚至未完全进入塑性;当轴向加载位移达到 15 mm 时,塑性区主要分布在支撑长度 1/4 处附近,并关于中部截面呈现对称分布。与 FA43 支撑塑性发展规律相似,大长细比变截面支撑 FA13 在轴向荷载作用下,塑性区首先出现在其端部附近,并随荷载增加逐渐向支撑中部发展,支撑失稳后塑性区主要分布在偏离中部截面的两侧附近。

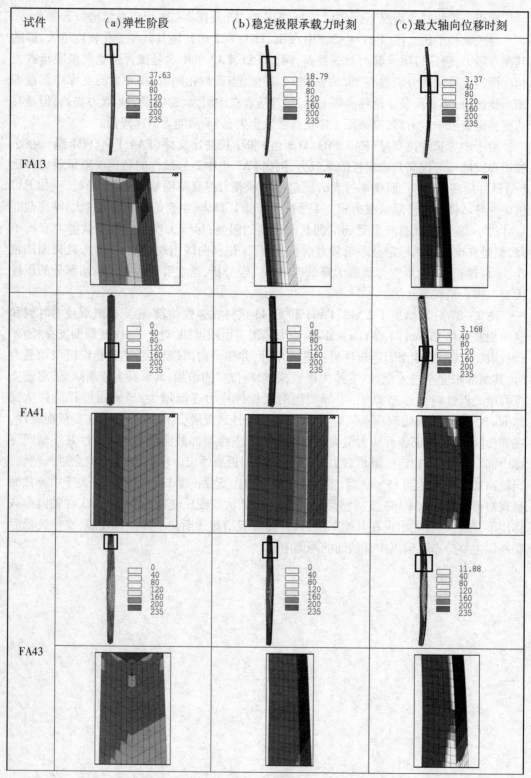

图 2-37 方钢管变截面支撑塑性发展及破坏模式

（2）圆钢管变截面支撑的稳定性能

①有限元模型

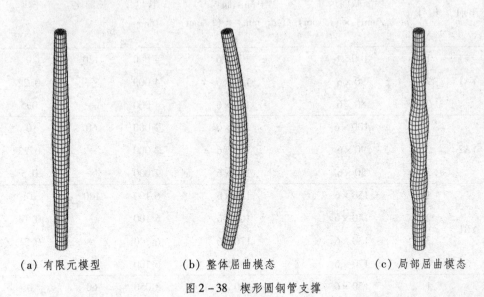

（a）有限元模型　　　　（b）整体屈曲模态　　　　（c）局部屈曲模态

图 2 - 38　楔形圆钢管支撑

利用 ANSYS 程序中 SHELL181 单元建立的圆钢管变截面支撑有限元模型如图 2 - 38（a）所示，计算其弹塑性稳定极限承载力时考虑整体和局部几何初始缺陷，整体初始缺陷大小为 $l/1\,000$，局部初始缺陷大小为 $b_1/1\,000$，l 为支撑长度，b_1 为中部截面外径，初始缺陷形式如图 2 - 38（b）和（c）所示。屈服应力 $\sigma_y = 235$ MPa。

相同用钢量情况下，圆钢管变截面支撑的稳定性能与方钢管变截面支撑相似。按照前文设计方钢管变截面支撑的方法设计出圆钢管变截面支撑，并利用 ANSYS 程序计算其弹塑性稳定极限承载力，圆钢管变截面支撑试件几何参数见表 2 - 5。

表2-5 圆钢管变截面支撑有限元试件几何参数表

组别	编号	端部截面尺寸 $(d_0/mm) \times (t/mm)$	中部截面尺寸 $(d_1/mm) \times (t/mm)$	长度 l/mm	长细比 λ	楔率 γ
	1	100×6	100×6	4 000	120	0
YA1	2	90×6	110×6	4 000	—	0.22
	3	80×6	120×6	4 000	—	0.5
	1	100×6	100×6	2 000	60	0
YA2	2	90×6	110×6	2 000	—	0.22
	3	80×6	120×6	2 000	—	0.5
	1	150×6	150×6	6 100	120	0
YB1	2	140×6	160×6	6 100	—	0.14
	3	130×6	170×6	6 100	—	0.31
	4	120×6	180×6	6 100	—	0.5
	1	150×6	150×6	3 050	60	0
YB2	2	140×6	160×6	3 050	—	0.14
	3	130×6	170×6	3 050	—	0.31
	4	120×6	180×6	3 050	—	0.5
	1	200×6	200×6	8 200	120	0
YC1	2	175×6	225×6	8 200	—	0.29
	3	150×6	250×6	8 200	—	0.67
	1	200×6	200×6	4 100	60	0
YC2	2	175×6	225×6	4 100	—	0.29
	3	150×6	250×6	4 100	—	0.67
	1	250×8	250×8	10 250	120	0
YD1	2	225×8	275×8	10 250	—	0.22
	3	200×8	300×8	10 250	—	0.5
	1	250×8	250×8	5 125	60	0
YD2	2	225×8	275×8	5 125	—	0.22
	3	200×8	300×8	5 125	—	0.5

(组别左侧竖排:圆钢管变截面支撑)

②计算结果分析

圆钢管变截面支撑弹塑性稳定承载力有限元计算结果如图2-39至图2-46所示。图中纵坐标为支撑端部轴向荷载 P,横坐标分别为支撑中部截面侧向挠度 δ 和支撑端部加载点轴向位移 Δ。

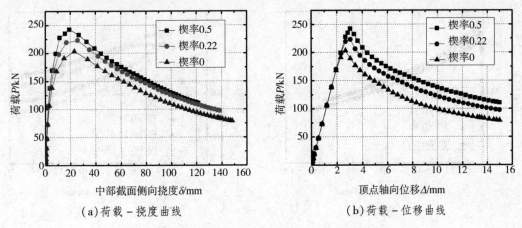

（a）荷载-挠度曲线　　　　　　　　（b）荷载-位移曲线

图 2-39　YA1 组圆钢管变截面支撑稳定性能

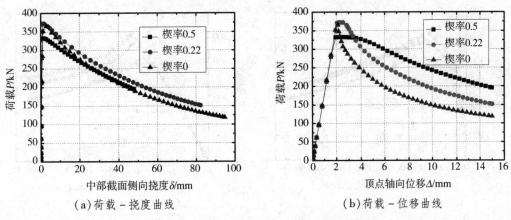

（a）荷载-挠度曲线　　　　　　　　（b）荷载-位移曲线

图 2-40　YA2 组圆钢管变截面支撑稳定性能

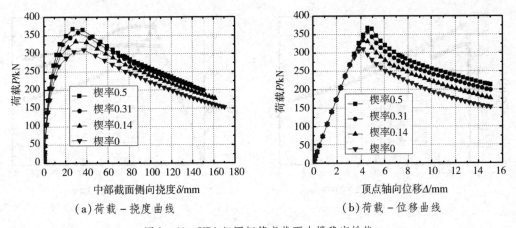

（a）荷载-挠度曲线　　　　　　　　（b）荷载-位移曲线

图 2-41　YB1 组圆钢管变截面支撑稳定性能

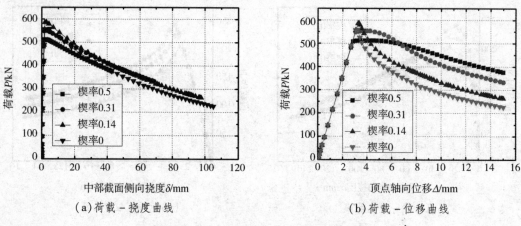

（a）荷载-挠度曲线　　　　　　　　　　（b）荷载-位移曲线

图 2-42　YB2 组圆钢管变截面支撑稳定性能

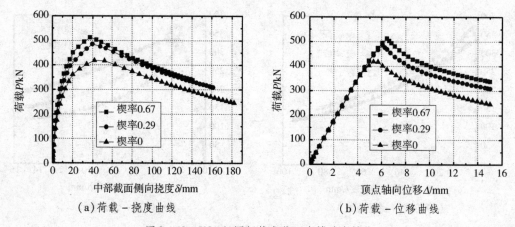

（a）荷载-挠度曲线　　　　　　　　　　（b）荷载-位移曲线

图 2-43　YC1 组圆钢管变截面支撑稳定性能

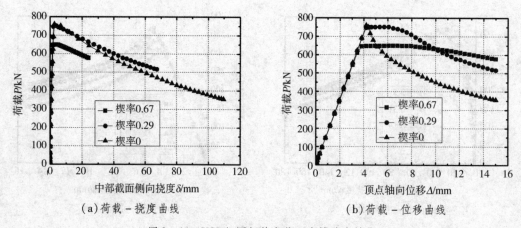

（a）荷载-挠度曲线　　　　　　　　　　（b）荷载-位移曲线

图 2-44　YC2 组圆钢管变截面支撑稳定性能

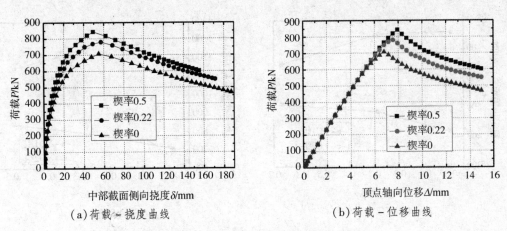

（a）荷载－挠度曲线　　　　　　　　（b）荷载－位移曲线

图 2 - 45　YD1 组圆钢管变截面支撑稳定性能

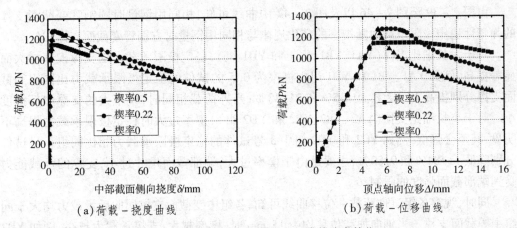

（a）荷载－挠度曲线　　　　　　　　（b）荷载－位移曲线

图 2 - 46　YD2 组圆钢管变截面支撑稳定性能

圆钢管变截面支撑各组试件弹塑性稳定极限承载力 P_u 与楔率 γ 的关系曲线如图 2 - 47 所示。

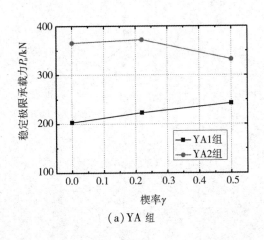

（a）YA 组

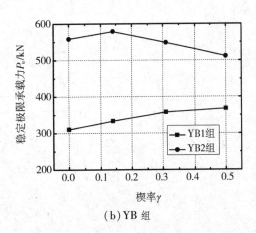

（b）YB 组

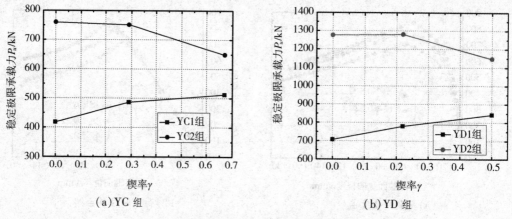

图 2-47 圆钢管变截面支撑稳定极限承载力与楔率的关系

由图 2-39 至图 2-46 以及图 2-47 中曲线可知,相同用钢量时圆钢管变截面支撑的弹塑性稳定极限承载力随楔率的变化规律与相同用钢量时方钢管变截面支撑相似。

对于大长细比支撑(YA1、YB1、YC1 和 YD1 组),稳定极限承载力随支撑楔率增大而显著提高,例如 YA1、YB1 和 YD1 组中楔率为 0.5 的试件的稳定极限承载力比同组等截面支撑分别提高 19.82%、19.35% 和 21.43%;当外荷载相同时,楔率大的支撑中部挠度小。对于小长细比支撑(YA2、YB2、YC2 和 YD2 组),楔率过大时稳定极限承载力提高不明显,甚至会降低,例如 YC2 和 YD2 组中 3 号试件的稳定极限承载力相比同组 1 号试件分别降低 11.84% 和 9.80%,主要是由于楔率过大,端部截面尺寸过小,支撑的承载能力受到端部截面强度的限制。

同时,观察各组试件荷载-位移曲线可知,各组中变截面支撑屈曲后承载力均大于同组中等截面支撑。当轴向加载位移均为 15 mm 时,楔率越大,支撑承载力越高,例如 YD2 组中 1、2 和 3 号试件承载力分别为 677.36 kN、882.37 kN 和 1 044.58 kN,由此可以说明变截面支撑屈曲后承载能力相比等截面支撑得到改善。

·42·

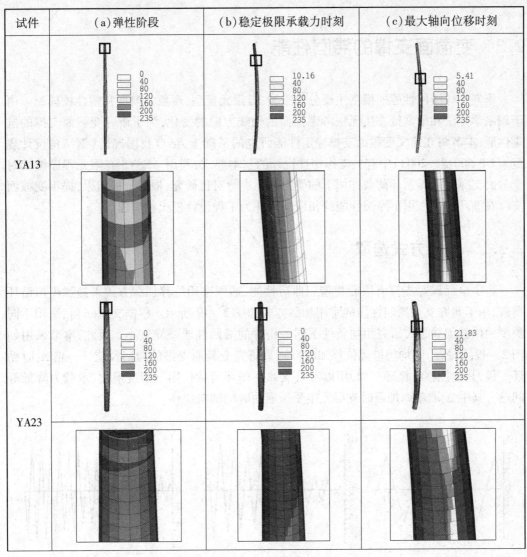

图 2 - 48 圆钢管变截面支撑塑性发展及破坏模式

图 2 - 48 分别给出 YA13 和 YA23 试件在弹性阶段、稳定极限承载力时刻和轴向加载位移 15 mm 时的 Von - Mises 应力云图,图中还给出局部截面放大图。由图可知,圆钢管变截面支撑的塑性发展规律及破坏模式与方钢管变截面支撑相似:在轴向荷载作用下,圆钢管变截面支撑端部首先进入塑性,并随荷载增加逐渐向支撑中部发展;支撑达到稳定极限承载力时,其靠近端部的板件完全进入塑性,中部截面附近板件应力较小;轴向加载位移到达 15 mm 时,支撑塑性区关于中部截面对称分布在支撑长度 1/4 处附近。

2.3　变截面支撑的滞回性能

　　研究支撑滞回性能的模型主要分为三类:有限元模型,现象学模型和塑性铰模型。由于现象学方法和塑性铰方法无法考虑截面沿轴线方向的变化,为了研究变截面支撑的抗震性能,本节将在前文变截面支撑稳定性能研究的基础上,结合我国现行《钢结构设计规范》(GB 50017—2003)中有关支撑塑性设计的基本要求,利用 ANSYS 有限元程序继续对变截面支撑在低周循环荷载作用下的受力性能进行对比研究,根据分析结果,提出变截面支撑在循环荷载作用下滞回性能的相应规律并为工程设计提出相应建议。

2.3.1　加载方式选取

　　为了全面跟踪支撑有限元模型屈曲后性能,通常选用位移加载方式来施加模拟循环荷载,用于研究支撑滞回性能的常用加载方式如图 2-49 所示。根据文献[64],采用不同类型的位移加载方式研究相同条件下同一构件的滞回性能差异较小。因此,本节采用如图 2-49(c)所示的均匀增幅位移加载方式来研究变截面支撑的滞回性能。一倍 Δ_y 时循环一周,其他位移时循环三周,用以考察支撑在循环荷载作用下刚度退化、承载力降低等问题。其中 Δ_y 取单调加载时支撑发生受压屈曲时的轴向位移。

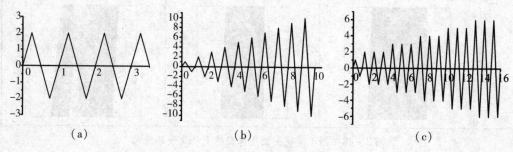

图 2-49　常用的位移加载方式
(横坐标表示加载圈数,纵坐标表示 N 倍 Δ_y 位移幅值)

2.3.2　有限元模型综述

　　本节利用 ANSYS 有限元程序中 SHELL181 单元建立不同参数时的变截面支撑,钢材选用 Q235 钢,屈服应力 $\sigma_y = 235$ MPa,弹性模量 $E = 2.06 \times 10^5$ MPa,切线模量 $E_{st} = 0.02E$,泊松比 $\nu = 0.3$,程序计算采用 Von-Mises 屈服准则及相关流动法则,并采用双线性随动强化法则。按照构件第一整体屈曲模态的形式,对模型施加 $l/1000$ 的整体初始缺陷,按照构件第一局部屈曲模态的形式,对模型施加 $d_1/1000(b_1/1000)$ 的局部初始缺陷,

其中 l 为支撑长度，$d_1(b_1)$ 为支撑中部截面外径（翼缘宽度），具体缺陷模式同2.2。根据文献[65]，板件残余应力仅影响支撑滞回曲线中初次受压的最大值，随后由于支撑被反复拉直屈服和受压屈曲，构件内部应力重分布，使得残余应力不再影响支撑的滞回性能。因此，本节在变截面支撑的滞回计算时不再考虑残余应力的影响。

2.3.3　工形变截面支撑滞回性能

本节利用ANSYS有限元程序对工形变截面支撑在低周循环荷载作用的受力性能进行模拟研究，重点比较端部截面相同时和用钢量相同时等、变截面支撑的滞回性能。在2.2.1中，采取保持支撑端部截面不变增加楔率的方法，使支撑在达到弹塑性极限承载力时端部全截面逐渐进入塑性，以说明变化截面对提高支撑稳定极限承载力的作用。此节仍然选取2.2.1中构件，考察端部截面相同、不同楔率变截面支撑在低周循环荷载作用下的受力性能，同时每组加入一个等截面支撑，用以对比相同用钢量试件在低周循环荷载作用下的受力性能，构件几何参数、加载制度详见表2－6，其中试件HA4与HA5、HB4与HB5、HC3与HC4用钢量相同。

表2－6　工形变截面支撑试件几何参数表

	组别	编号	中部截面尺寸 $(h_0/\text{mm})\times(b_1/\text{mm})\times(t_w/\text{mm})\times(t/\text{mm})$	端部截面尺寸 $(h_0/\text{mm})\times(b_0/\text{mm})\times(t_w/\text{mm})\times(t/\text{mm})$	长度 l/mm	等效长细比 λ_{eff}	楔率 γ	加载制度 $(\times\Delta_y)$
工形变截面支撑	HA	1	200×100×8×10	200×100×8×10	2 660	120	0	±1.0（一周） ±2.0（三周） ±3.0（三周） ±4.0（三周） ±5.0（三周） ±6.0（三周）
		2	200×120×8×10	200×100×8×10	2 660	98	0.2	
		3	200×140×8×10	200×100×8×10	2 660	84	0.4	
		4	200×160×8×10	200×100×8×10	2 660	73	0.6	
		5	200×130×8×10	200×130×8×10	2 660	88	0	
	HB	1	340×250×10×16	340×250×10×16	4 900	80	0	
		2	340×275×10×16	340×250×10×16	4 900	72	0.1	
		3	340×300×10×16	340×250×10×16	4 900	66	0.2	
		4	340×325×10×16	340×250×10×16	4 900	60	0.3	
		5	340×287×10×16	340×287×10×16	4 900	68	0	
	HC	1	400×300×16×20	400×300×16×20	4 300	60	0	
		2	400×330×16×20	400×300×16×20	4 300	54	0.1	
		3	400×350×16×20	400×300×16×20	4 300	51	0.167	
		4	400×325×16×20	400×325×16×20	4 300	55	0	

（1）滞回曲线

本节算例在低周循环荷载作用下的滞回曲线如图 2-50 至图 2-52 所示，图中纵坐标为荷载 P 与支撑端部全截面屈服荷载 P_{0y} 的比值，横坐标为支撑端部轴向位移 Δ 与支撑单调加载达到极限荷载时端部位移 Δ_y 的比值，图中受压为正，虚线为单调加载曲线。

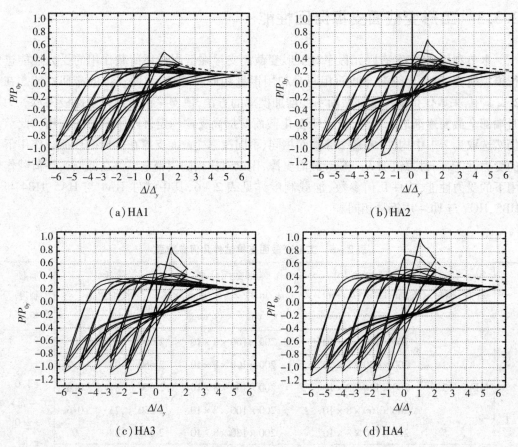

(a) HA1　　　　(b) HA2

(c) HA3　　　　(d) HA4

图 2-50　HA 组试件滞回曲线

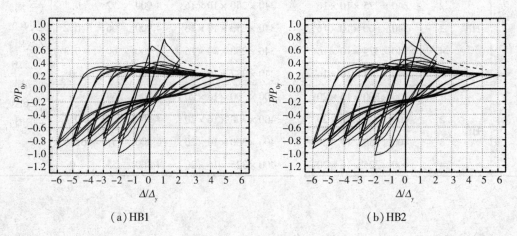

(a) HB1　　　　(b) HB2

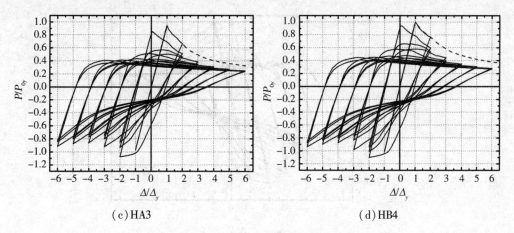

（c）HA3　　　　　　　　　　　　　（d）HB4

图 2 - 51　HB 组试件滞回曲线

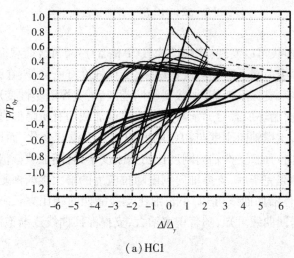

（a）HC1

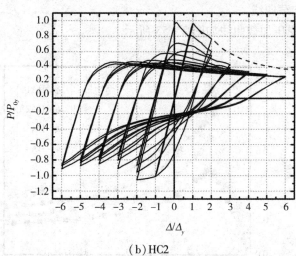

（b）HC2

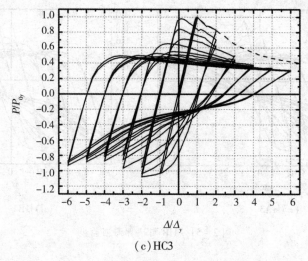

（c）HC3

图 2-52 HC 组试件滞回曲线

观察每条滞回曲线可以发现：除弹性加载（1 倍 Δ_y）外，每级荷载循环三次后支撑承载力趋于稳定，且在每级荷载下随循环次数增多，支撑强度有所降低；在弹性范围内加载时，滞回环面积近乎为零，支撑不耗能，加载到塑性范围后，支撑因塑性变形逐渐开始耗能。

每个试件经多次循环加载后的承载力相比单调加载均有所降低；拉应力开始卸载时，由于构件接近挺直，支撑轴向刚度与初始刚度相比几乎没有变化，而压应力开始卸载时，由于构件已产生侧向弯曲，支撑轴向刚度比初始刚度小，且随加载幅值的增大有逐渐变小的趋势，当压应力卸载完毕后，支撑轴向刚度随拉应力的增大逐渐恢复。

对比不同组试件滞回曲线可知，小长细比支撑滞回曲线比大长细比支撑滞回曲线饱满；对比同组试件滞回曲线可知，随着楔率增大，支撑滞回曲线逐渐饱满，说明支撑耗能能力逐渐增强。

（2）单调受压加载曲线

各组试件单调受压加载曲线如图 2-53 所示。

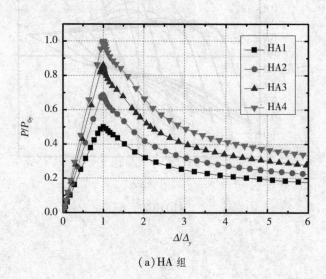

（a）HA 组

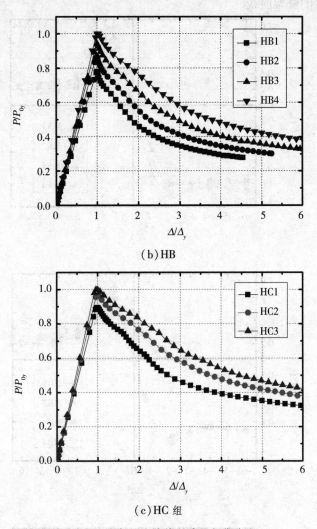

（b）HB

（c）HC 组

图 2 - 53 各组试件单调受压加载曲线

观察各组试件单调受压加载曲线可以得知,对于每组试件,支撑初始轴向刚度随楔率增大而增大。支撑屈曲后承载力变化规律与 2.2.1 相似,但此处使用的钢材本构关系与 2.2 有所不同,因此支撑屈曲后承载力略有提高。

（3）滞回曲线的骨架曲线

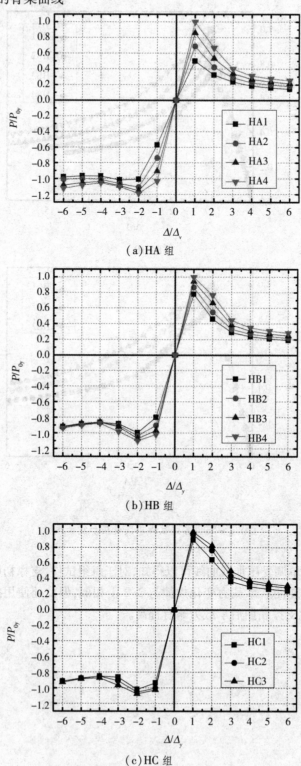

（a）HA 组

（b）HB 组

（c）HC 组

图 2-54　各组试件滞回曲线的骨架曲线

　　各组试件滞回曲线的骨架曲线如图 2 - 54 所示。对比图 2 - 54 和图 2 - 53 可知，支撑滞回曲线的骨架曲线与单调加载曲线的变化规律相似，不同之处在于滞回曲线的骨架曲线受压侧值低于单调加载曲线值，说明支撑在经循环加载后强度有所降低。观察图 2 - 54 中各组试件骨架曲线可知，同组中试件的初始轴向刚度随楔率增大而增大，支撑承载力也随楔率增大而增大。

　　(4)滞回环面积

　　各组试件滞回环总面积如图 2 - 55 所示，图中纵坐标为滞回曲线累计面积(无量纲)，横坐标为循环加载圈数。

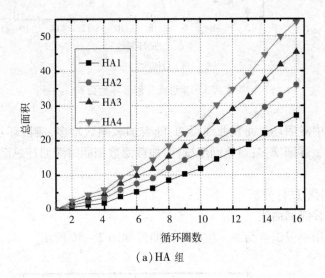

(a)HA 组

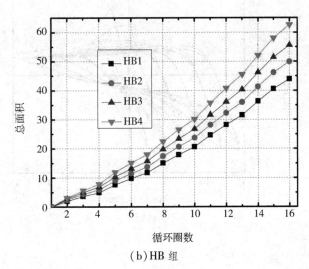

(b)HB 组

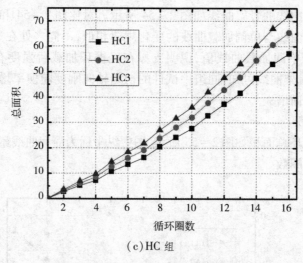

（c）HC 组

图 2-55　各组试件滞回环总面积

　　由图 2-55 中滞回环总面积曲线可知：随着加载圈数增多，滞回环总面积逐渐增大，说明支撑耗散能量逐渐增多；对比同组试件，加载圈数相同时滞回环总面积随楔率增大而增大。

　　（5）相同用钢量试件分析

　　①荷载－位移滞回曲线

　　同组中相同用钢量试件荷载－位移滞回曲线如图 2-56 所示。

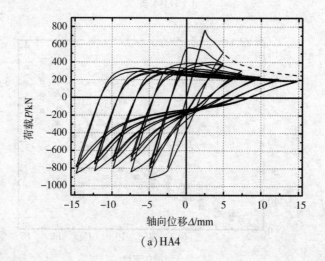

（a）HA4

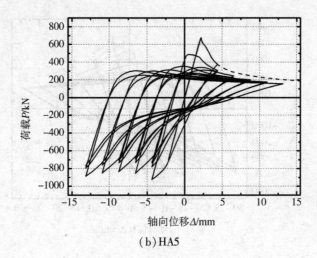

（b）HA5

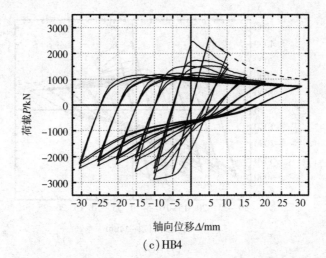

（c）HB4

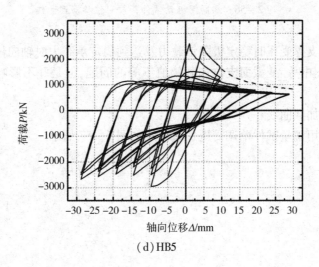

（d）HB5

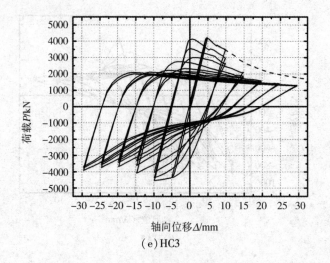

（e）HC3

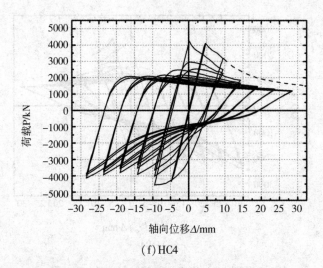

（f）HC4

图 2 - 56   相同用钢量试件荷载 - 位移滞回曲线

　　由于变截面支撑受压时稳定极限承载力及达到稳定承载力时轴向位移均大于等截面支撑，因此出现图中等、变截面支撑加载幅值不等的问题，但是并不影响两者之间滞回性能的比较。

　　②单调受压加载曲线

　　同组中相同用钢量试件单调受压加载曲线如图 2 - 57 所示。

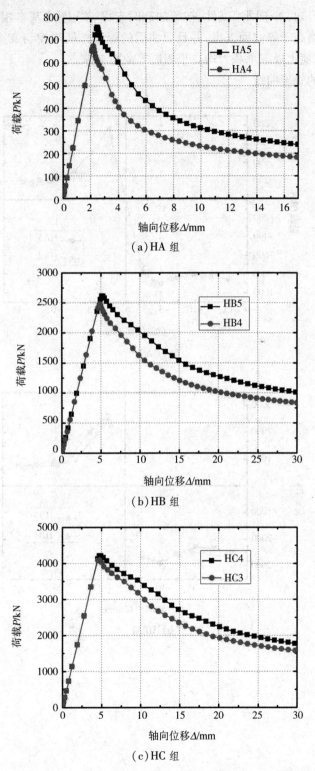

(a) HA 组

(b) HB 组

(c) HC 组

图 2-57 相同用钢量试件单调加载曲线

由图 2-57 可知,对于同组试件,初始加载时支撑轴向刚度基本相同,而变截面支撑稳定极限承载力略高于等截面支撑,并且屈曲后的稳定性能规律与支撑端部截面相同时相似,变截面支撑稳定极限承载力均高于相应等截面支撑。

③滞回曲线的骨架曲线

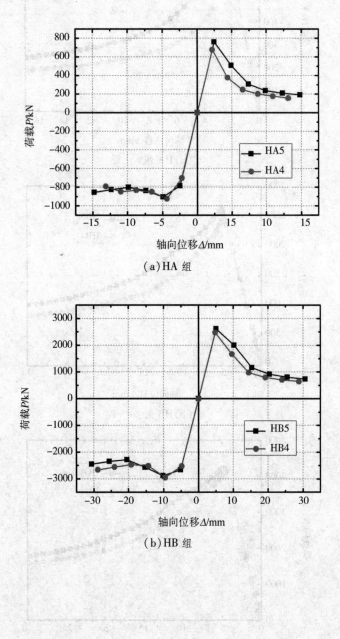

（a）HA 组

（b）HB 组

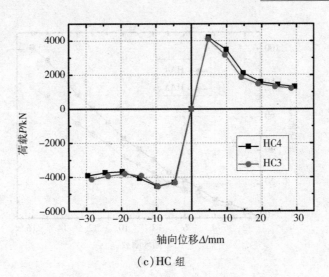

（c）HC 组

图 2-58　相同用钢量试件滞回曲线的骨架曲线

同组中相同用钢量试件滞回曲线的骨架曲线如图 2-58 所示。从此图可知,滞回曲线的骨架曲线的变化规律与单调加载曲线相似,但值略小于单调加载曲线,说明支撑在经多次循环加载后强度有所降低。对比同组试件滞回曲线的骨架曲线,等截面支撑受压侧值比变截面支撑小,而受拉侧值比变截面支撑大,原因是变截面支撑端部截面小,而抗拉极限承载力受端部截面强度控制。变截面支撑滞回曲线的骨架曲线相比等截面支撑,整体向上偏移,对于所选算例,长细比越大偏移越多。

④总耗能

同组中相同用钢量试件总耗能曲线如图 2-59 所示,图中纵坐标表示循环加载过程中支撑累计耗能,横坐标表示循环加载圈数。

由图 2-59 中支撑试件总耗能曲线可知,随着循环加载圈数增多支撑耗能逐渐提高。对比图 2-59 中曲线可知,对于相同用钢量试件,变截面支撑耗能能力较相应等截面支撑有所提高,其中 HA 组试件变截面支撑相比等截面支撑提高 30.41%,HB 组试件提高 14.23%,HC 组试件提高 9.82%。

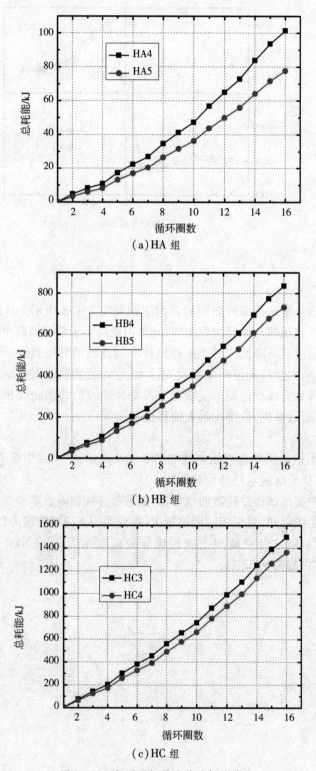

（a）HA 组

（b）HB 组

（c）HC 组

图 2-59　相同用钢量试件总耗能曲线

2.3.4　方钢管变截面支撑滞回性能

在前文 2.2.1 节有关方钢管变截面支撑稳定性能研究的基础上,本节采取与 2.3.3 节中研究工形变截面支撑滞回性能相似的研究方法,利用 ANSYS 有限元程序继续对方钢管变截面支撑在低周循环荷载作用下的受力性能进行模拟研究,重点比较相同用钢量时等、变截面支撑以及相同端部截面时等、变截面支撑的滞回性能。参照 2.2.1 节中选取方钢管变截面支撑试件的方法,选取不同几何参数的等、变截面支撑,考察其在低周循环荷载作用下的受力性能,试件几何详见表 2-7。

表 2-7　方钢管变截面支撑试件几何参数表

组别	编号	端部截面尺寸 $(d_0/mm) \times (t/mm)$	中部截面尺寸 $(d_1/mm) \times (t/mm)$	长度 l/mm	长细比 λ	楔率 γ	加载制度 $(\times \Delta_y)$
方钢管变截面支撑							
FA	1	80×6	120×6	4 620	—	0.5	
	2	100×6	100×6	4 620	120	0	
	3	100×6	150×6	4 620	—	0.5	
	4	100×6	200×6	4 620	—	1	
FB	1	80×6	120×6	3 080	—	0.5	
	2	100×6	100×6	3 080	80	0	±1.0（一周）
	3	100×6	150×6	3 080	—	0.5	±2.0（三周）
	4	100×6	200×6	3 080	—	1	±3.0（三周）
FC	1	80×6	120×6	2 310	—	0.5	±4.0（三周）
	2	100×6	100×6	2 310	60	0	±5.0（三周）
	3	100×6	150×6	2 310	—	0.5	±6.0（三周）
	4	100×6	170×6	2 310	—	0.7	
FD	1	120×6	180×6	7 050	—	0.5	
	2	150×6	150×6	7 050	120	0	
FE	1	120×6	180×6	4 700	—	0.5	
	2	150×6	150×6	4 700	80	0	
FF	1	120×6	180×6	3 525	—	0.5	
	2	150×6	150×6	3 525	60	0	

(1)滞回曲线

方钢管变截面支撑试件在低周循环荷载作用下的滞回曲线如图 2-60 至图 2-65 所示,图中滞回曲线受压为正,虚线为单调受压加载曲线。同组试件位移加载幅值相同。

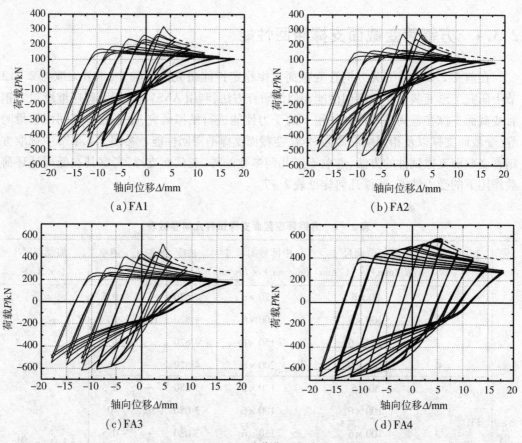

图 2-60　FA 组试件荷载-位移滞回曲线

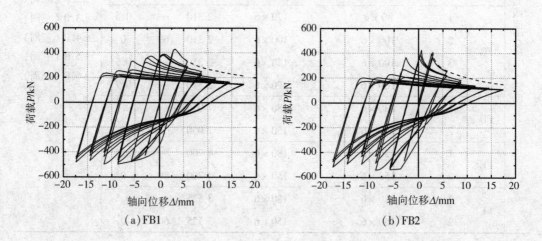

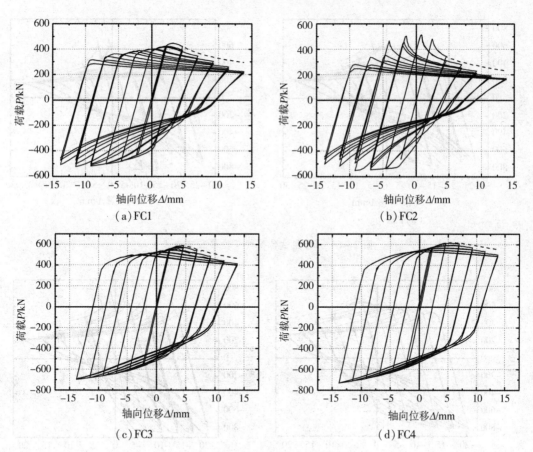

（c）FB3　　　　　　　　　　　　（d）FB4

图 2-61　FB 组试件荷载－位移滞回曲线

（a）FC1　　　　　　　　　　　　（b）FC2

（c）FC3　　　　　　　　　　　　（d）FC4

图 2-62　FC 组试件荷载－位移滞回曲线

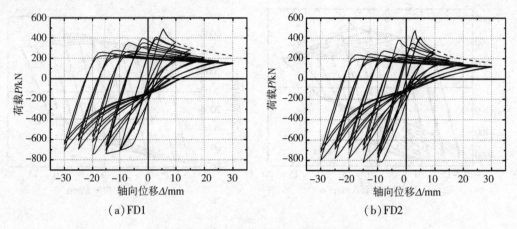

（a）FD1　　　　　　　　　　　　（b）FD2

图2-63　FD组试件荷载-位移滞回曲线

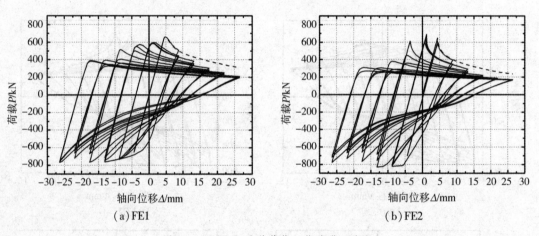

（a）FE1　　　　　　　　　　　　（b）FE2

图2-64　FE组试件荷载-位移滞回曲线

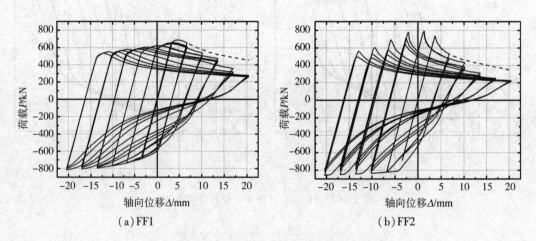

（a）FF1　　　　　　　　　　　　（b）FF2

图2-65　FF组试件荷载-位移滞回曲线

观察图2-60至图2-65中试件荷载-位移滞回曲线可知，方钢管变截面支撑滞回曲线的特征同工形变截面支撑相似:同一幅值加载时,支撑承载力随加载圈数增多而降低;长细比较大支撑滞回曲线拉压不对称现象较明显,而随着长细比的减小支撑滞回曲线逐渐饱满;拉应力开始卸载时,支撑轴向刚度同支撑初始轴向刚度相比基本未变,而压应力开始卸载时,支撑轴向刚度较初始轴向刚度有所降低,同一加载圈数时,长细比越大刚度降低越多。

用钢量相同时:大长细比变截面支撑的滞回曲线与相应等截面支撑相比变化不明显,屈曲后支撑承载力急剧下降;小长细比变截面支撑的滞回曲线与相应等截面支撑相比发生明显变化,屈曲后支撑承载力下降较缓慢。

端部截面相同时:对于同组试件,随着楔率增大变截面支撑承载力逐渐提高,且其滞回曲线逐渐饱满;对于不同组试件,当楔率相同时,滞回曲线随长细比的减小逐渐趋于饱满。

(2)单调加载曲线

方钢管变截面支撑试件单调受压加载曲线如图 2 - 66 所示。

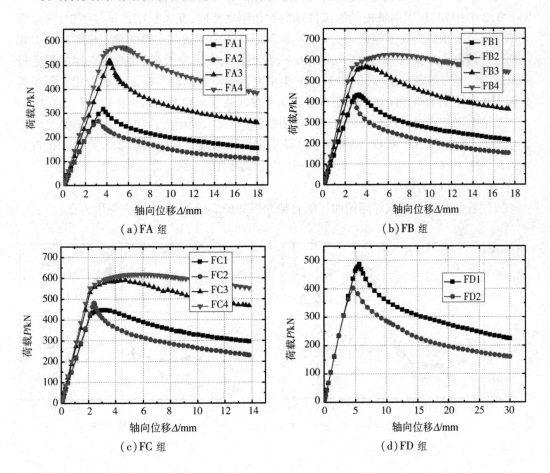

(a)FA 组　　　　　　　　　　　(b)FB 组

(c)FC 组　　　　　　　　　　　(d)FD 组

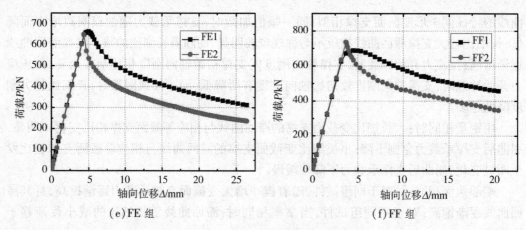

图 2-66　方钢管变截面支撑单调加载曲线

观察图 2-66 中曲线可知,相同用钢量时方钢管变截面支撑的荷载-位移曲线规律同 2.2.2 节中相似:用钢量相同的试件轴向初始刚度相同;在大长细比试件组中,变截面支撑稳定极限承载力高于等截面支撑,例如 FA、FD 组中变截面支撑的稳定极限承载力相比同组等截面支撑提高 16.36% 和 24.46%;在小长细比试件组中,变截面支撑的稳定极限承载力略低于等截面支撑,例如 FC、FF 组中变截面支撑的稳定极限承载力相比同组等截面支撑降低 8.16% 和 6.56%;所有变截面支撑屈曲后承载力均高于相应等截面支撑。

端部截面相同时,同组试件初始轴向刚度随楔率增大而增大,同时稳定承载力也随之大幅增加,例如 FA、FB 和 FC 组中 4 号试件稳定极限承载力相比同组 2 号等截面试件分别提高 109.10%、55.04% 和 25.23%。同时,支撑屈曲后承载力降低幅度趋于缓慢。

（3）滞回曲线的骨架曲线

方钢管变截面支撑试件滞回曲线的骨架曲线如图 2-67 所示,图中受压为正。

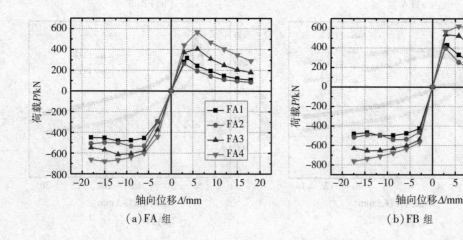

（a）FA 组　　　　　　　　　（b）FB 组

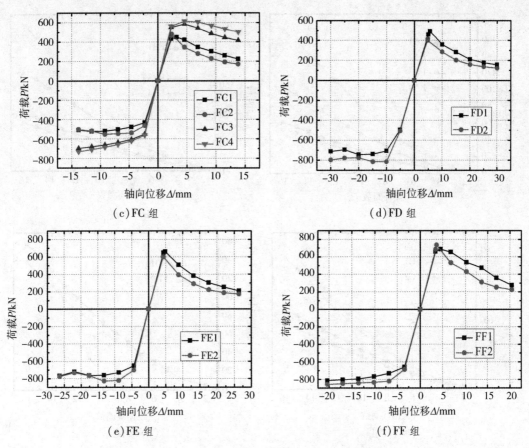

（c）FC 组　　　　　　　　　　　　　（d）FD 组

（e）FE 组　　　　　　　　　　　　　（f）FF 组

图 2-67　方钢管变截面支撑滞回曲线骨架曲线

观察图 2-67,并与图 2-66 试件单调加载曲线对比后可知,试件滞回曲线的骨架曲线的规律同单调加载曲线相似,但经多次循环加载后试件受压承载力值均低于单调加载时承载力值,说明支撑在循环荷载作用下强度降低,其中 FA 组 1 号试件在全部加载完毕后承载力降低近 50%。

（4）总耗能

方钢管变截面支撑试件总耗能曲线如图 2-68 所示,纵坐标为支撑累计耗能,横坐标为循环加载圈数。

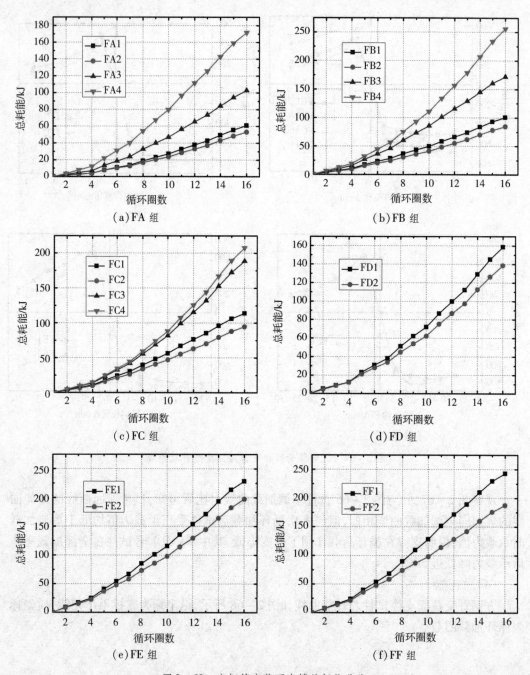

图 2-68 方钢管变截面支撑总耗能曲线

观察图 2-68 中曲线可知:用钢量相同、循环加载圈数相同时,变截面支撑累计耗能高于相应等截面支撑。完成全部循环加载后,FA 组中 1 号试件相比 2 号试件耗能提高 14.57%,FB 组中 1 号试件相比 2 号试件耗能提高 18.81%,FC 组中 1 号试件相比 2 号试件耗能提高 20.43%,FD 组中 1 号试件相比 2 号试件耗能提高 14.45%,FE 组中 1 号试件相比 2 号试件耗能提高 15.70%,FF 组中 1 号试件相比 2 号试件耗能提高 29.61%。

端部截面相同、循环加载圈数相同时,变截面支撑累计耗能相比等截面支撑大幅提高,且提高幅度有随楔率增大而继续提高的趋势。楔率均为 0.5 时,FA 组中 3 号试件相比 2 号试件耗能提高 93.41%,FB 组中 3 号试件相比 2 号试件耗能提高 103.33%,FC 组中 3 号试件相比 2 号试件耗能提高 99.61%。

2.3.5　圆钢管变截面支撑滞回性能

在前文 2.2.2 节有关圆钢管变截面支撑稳定性能研究的基础上,本节采取与研究工形变截面、方钢管变截面支撑滞回性能相似的方法,利用 ANSYS 有限元程序继续对圆钢管变截面支撑在低周循环荷载作用下的受力性能进行模拟研究,重点比较相同用钢量时等、变截面支撑以及相同端部截面时等、变截面支撑的滞回性能。经分析,无论支撑用钢量相同时还是支撑端部截面相同时,圆钢管变截面支撑在循环荷载作用下的受力性能均与同条件时方钢管变截面支撑相似,因此本节仅给出部分算例。

参照 2.2.2 节中选取圆钢管变截面支撑试件的方法,选取不同几何参数的等、变截面支撑,考察其在低周循环荷载作用下的受力性能,试件几何参数详见表 2-8。表中各组别 1 号、3 号和 4 号试件为变截面试件,2 号试件为等截面试件,并且 1 号试件与 2 号试件用钢量相同,3 号、4 号试件与 2 号试件端部截面相同。

表 2-8　圆钢管变截面支撑试件几何参数表

组别	编号	端部截面尺寸 $(d_0/\text{mm})\times(t/\text{mm})$	中部截面尺寸 $(d_1/\text{mm})\times(t/\text{mm})$	长度 l/mm	长细比 λ	楔率 γ	加载制度 $(\times\Delta_y)$
圆钢管变截面支撑							
YA	1	80×6	120×6	4 000	—	0.5	±1.0(一周) ±2.0(三周) ±3.0(三周) ±4.0(三周) ±5.0(三周) ±6.0(三周)
	2	100×6	100×6	4 000	120	0	
	3	100×6	150×6	4 000	—	0.5	
	4	100×6	200×6	4 000	—	1	
YB	1	80×6	120×6	2 000	—	0.5	
	2	100×6	100×6	2 000	60	0	
	3	100×6	150×6	2 000	—	0.5	
	4	100×6	170×6	2 000	—	0.7	

(1)滞回曲线

圆钢管变截面支撑荷载-滞回曲线如图 2-69 至图 2-70 所示,图中受压为正,虚线为单调受压加载曲线。

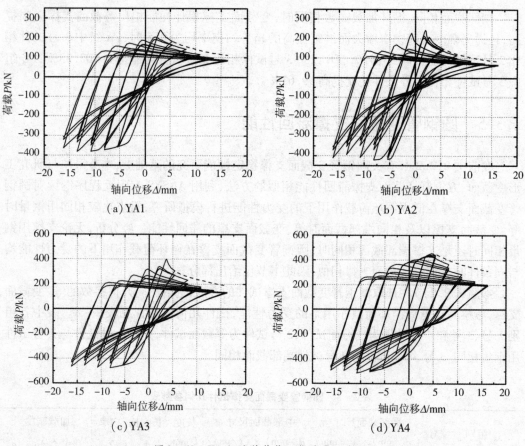

（a）YA1

（b）YA2

（c）YA3

（d）YA4

图 2－69　YA 组试件荷载－位移滞回曲线

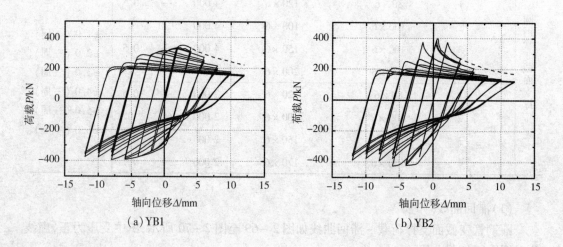

（a）YB1

（b）YB2

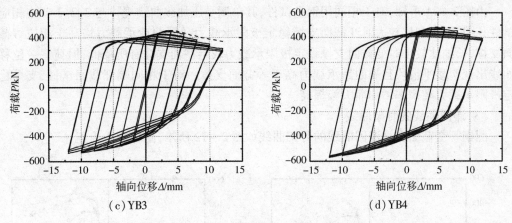

（c）YB3　　　　　　　　　　　（d）YB4

图 2－70　YB 组试件荷载－位移滞回曲线

由图 2－69 和图 2－70 可知：当长细比较大时，楔形圆钢管支撑荷载－位移滞回曲线拉压不对称现象严重，滞回环不饱满；当长细比较小时，滞回环比较饱满。由此说明，长细比是影响楔形圆钢管支撑滞回性能的主要因素。

对比同组中相同用钢量试件：YA 组中 1 号变截面支撑的滞回曲线特征与 2 号等截面支撑非常相近，说明此时长细比较大的情况下，变截面支撑滞回性能相比等截面支撑改善并不明显；YB 组中 1 号变截面支撑的滞回曲线特征较 2 号试件有所改变，主要体现在前几次受压达到稳定极限承载力时变截面支撑荷载－位移曲线出现明显平滑段，而随着荷载继续循环，变截面支撑滞回曲线与等截面支撑相似。对比同组中相同端部截面试件：随着楔率增大，支撑滞回曲线逐渐饱满；对于小长细比支撑，较小的楔率就能使其滞回曲线趋于饱满。

（2）单调受压加载曲线

圆钢管变截面支撑单调受压加载曲线如图 2－71 所示。

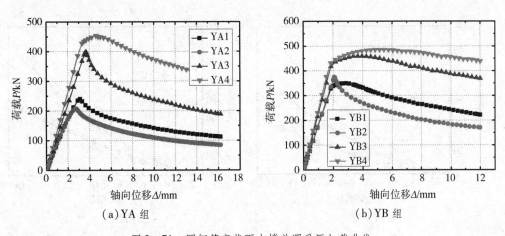

（a）YA 组　　　　　　　　　　　（b）YB 组

图 2－71　圆钢管变截面支撑单调受压加载曲线

由图 2-71 可知,对于相同用钢量试件,其单调受压加载曲线规律与 2.2.2 节中相应试件相似,即长细比较大时变截面支撑稳定极限承载力及屈曲后承载力均高于相应等截面支撑,长细比较小时变截面支撑稳定极限承载力较等截面支撑有所降低,但荷载 - 位移曲线出现明显平滑段且屈曲后承载力高于等截面支撑。对于相同端部截面试件,支撑稳定极限承载力随楔率增加而大幅提高。

(3)滞回曲线的骨架曲线

圆钢管变截面支撑滞回曲线的骨架曲线如图 2-72 所示,图中受压为正。

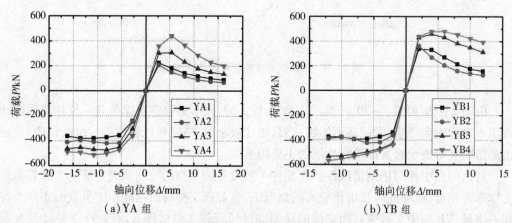

(a)YA 组   (b)YB 组

图 2-72 圆钢管变截面支撑滞回曲线的骨架曲线

由图 2-72 可知,各组试件滞回曲线的骨架曲线规律与试件单调受压加载曲线规律相似,不同点在于经循环荷载作用后各试件屈曲后承载力较单调受压加载时有所降低,说明循环荷载作用下支撑强度逐渐降低。

(4)总耗能

圆钢管变截面支撑在循环荷载作用下累计耗能曲线如图 2-73 所示。

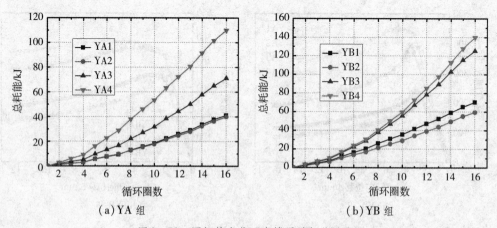

(a)YA 组   (b)YB 组

图 2-73 圆钢管变截面支撑累计耗能曲线

　　由图 2-73 可知,对于相同用钢量试件:变截面支撑累计耗能较等截面支撑均有所增多,长细比较大时耗能增加较少,长细比较小时耗能增加较多,如加载完毕后 YA 组中 1 号试件总耗能较 2 号试件增加 3.10%,YB 组中 1 号试件较 2 号试件增多 18.31%。

　　对于相同端部截面试件:循环加载圈数一定时,支撑总耗能随楔率增大而逐渐增多;楔率一定时,小长细比变截面试件总耗能较等截面试件提高得多,例如楔率均为 0.5 时,YB 组中 3 号试件总耗能较 2 号试件提高 110.69%,而 YA 组中 3 号试件较 2 号试件提高 78.55%。

2.4　变截面支撑滞回性能的试验研究

2.4.1　试件设计与制作

　　试验共设计支撑试件 4 组共 12 个,长度皆为 1 600 mm,由哈尔滨市某机械加工厂对 Q235 钢材进行卷制焊接成型。构造详图如图 2-74 所示。

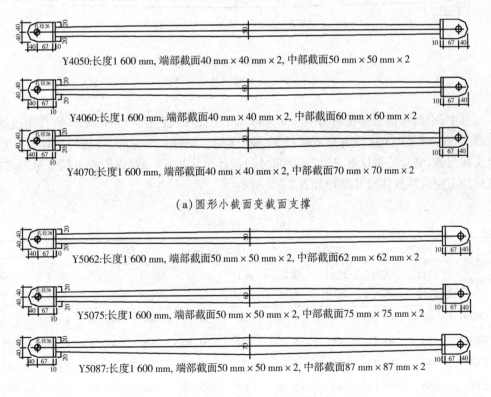

Y4050:长度1 600 mm,端部截面40 mm×40 mm×2,中部截面50 mm×50 mm×2

Y4060:长度1 600 mm,端部截面40 mm×40 mm×2,中部截面60 mm×60 mm×2

Y4070:长度1 600 mm,端部截面40 mm×40 mm×2,中部截面70 mm×70 mm×2

(a)圆形小截面变截面支撑

Y5062:长度1 600 mm,端部截面50 mm×50 mm×2,中部截面62 mm×62 mm×2

Y5075:长度1 600 mm,端部截面50 mm×50 mm×2,中部截面75 mm×75 mm×2

Y5087:长度1 600 mm,端部截面50 mm×50 mm×2,中部截面87 mm×87 mm×2

(b)圆形大截面变截面支撑

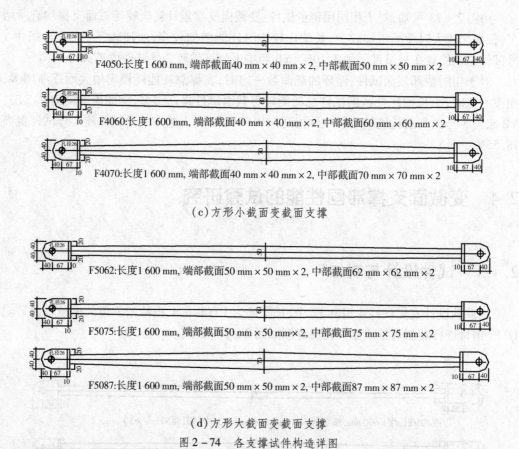

F4050:长度1 600 mm,端部截面40 mm×40 mm×2,中部截面50 mm×50 mm×2

F4060:长度1 600 mm,端部截面40 mm×40 mm×2,中部截面60 mm×60 mm×2

F4070:长度1 600 mm,端部截面40 mm×40 mm×2,中部截面70 mm×70 mm×2

(c)方形小截面变截面支撑

F5062:长度1 600 mm,端部截面50 mm×50 mm×2,中部截面62 mm×62 mm×2

F5075:长度1 600 mm,端部截面50 mm×50 mm×2,中部截面75 mm×75 mm×2

F5087:长度1 600 mm,端部截面50 mm×50 mm×2,中部截面87 mm×87 mm×2

(d)方形大截面变截面支撑

图 2 - 74　各支撑试件构造详图

其中,小截面指端部截面为 40 mm × 40 mm 正方形或直径 40 mm 圆形,大截面指端部截面为 50 mm × 50 mm 正方形或直径 50 mm 圆形。试件加工完成后,进行试件各尺寸参数实际测量,测量结果良好,试件实际尺寸与设计尺寸基本一致,误差在可接受范围之内。试件加工完成后具体尺寸测量如表 2 - 9 所示。

表 2 - 9　试件尺寸

试件编号	端部/mm		中部左侧/mm		中部右侧/mm		尾部/mm		长度/mm	
	设计尺寸	实际尺寸	设计尺寸	实际尺寸	设计尺寸	实际尺寸	设计尺寸	实际尺寸	设计尺寸	实际尺寸
Y4050	40	40.20	50	50.04	50	50.10	40	40.38	1 600	1 595.6
Y4060	40	40.22	60	60.14	60	60.56	40	40.12	1 600	1 598.3
Y4070	40	41.70	70	70.78	70	70.18	40	41.92	1 600	1 596.3
Y5062	50	50.12	62	62.44	62	62.70	50	50.32	1 600	1 597.4
Y5075	50	51.10	75	75.22	75	75.02	50	51.90	1 600	1 594.8
Y5087	50	53.82	87	87.50	87	87.42	50	51.90	1 600	1 597.6

续表

试件 编号	端部/mm		中部左侧/mm		中部右侧/mm		尾部/mm		长度/mm	
	设计 尺寸	实际 尺寸	设计 尺寸	实际 尺寸	设计 尺寸	实际 尺寸	设计 尺寸	实际 尺寸	设计 尺寸	实际 尺寸
F4050	40	42.10	50	51.92	50	51.88	40	41.68	1 600	1 596.1
F4060	40	41.92	60	60.76	60	59.62	40	41.94	1 600	1 598.3
F4070	40	42.22	70	70.92	70	70.18	40	43.86	1 600	1 598.6
F5062	50	51.18	62	60.92	62	61.34	50	51.66	1 600	1 592.2
F5075	50	51.94	75	75.92	75	76.08	50	51.34	1 600	1 597.8
F5087	50	51.52	87	87.02	87	86.86	50	50.76	1 600	1 598.7

因初期试验方案之中拟用 5 cm 量程拉线式位移计进行位移测量(后因拉线式位移计测量精度较低而放弃),故试件左端设计加工了水平、竖直方向各一 80 mm × 200 mm 钢板,右端设计加工了水平、竖直方向各一 200 mm 长度的钢棍。加工后变截面支撑试件如图 2-75 所示。

(a)圆形试件

(b)方形试件

图 2-75　支撑试件实物图

表 2-9 中,端部指试件带钢棍一侧,尾部指试件带钢板一侧。本章研究对象为变截面支撑试件,变截面试件的截面惯性矩沿轴方向变化,为了能够准确描述试件的稳定性能,本章利用公式 $\lambda_{eff} = \dfrac{\mu l}{\sqrt{I_{eff}/A_0}}$ 计算出 12 根试件的等效长细比。其中 λ_{eff} 为试件等效长细比,I_{eff} 为试件等效截面惯性矩,其具体计算数值为支撑试件端部截面惯性矩与中部截面惯性矩乘积的平方根,即 $I_{eff} = \sqrt{I_0 \cdot I_1}$,$\mu l$ 为试件等效长度。与此同时,定义楔率为大小头截面高度之差与试件长度的比值。12 根变截面支撑试件具体等效长细比、楔率数值见表 2-10。

表 2-10　试件参数

试件编号	端部截面	中部截面	楔率	等效长细比
Y4050	40 mm×40 mm×2	50 mm×50 mm×2	0.006 25	86.46
Y4060	40 mm×40 mm×2	60 mm×60 mm×2	0.012 50	75.03
Y4070	40 mm×40 mm×2	70 mm×70 mm×2	0.018 75	66.60
Y5062	50 mm×50 mm×2	62 mm×62 mm×2	0.007 50	69.02
Y5075	50 mm×50 mm×2	75 mm×75 mm×2	0.015 00	59.58
Y5087	50 mm×50 mm×2	87 mm×87 mm×2	0.022 50	53.16
F4050	40 mm×40 mm×2	50 mm×50 mm×2	0.006 25	99.84
F4060	40 mm×40 mm×2	60 mm×60 mm×2	0.012 50	86.62
F4070	40 mm×40 mm×2	70 mm×70 mm×2	0.018 75	76.88
F5062	50 mm×50 mm×2	62 mm×62 mm×2	0.007 50	79.67
F5075	50 mm×50 mm×2	75 mm×75 mm×2	0.015 00	66.78
F5087	50 mm×50 mm×2	87 mm×87 mm×2	0.022 50	61.37

其中,试件 Y4050、Y4060、Y4070、Y5062、Y5075、Y5087,F4050、F4060、F4070、F5062、F5075、F5087,共分为四组用来比较相同端部截面下楔率对试件的破坏模式、滞回曲线、滞回曲线的骨架曲线以及耗能能力等性能的影响。而试件 Y4050、Y5062,Y4060、Y5075,Y4070、Y5087,F4050、F5062,F4060、F5075、F4070、F5087,共分为六组用来比较相同楔率下端部截面尺寸对试件的破坏模式、滞回曲线、滞回曲线的骨架曲线以及耗能能力等性能的影响。试件 Y4070、Y5062,F4070、F5062,两组试件用于比较相同用钢量下,楔率和长细比对试件的破坏模式、滞回曲线、滞回曲线的骨架曲线以及耗能能力等性能的影响。方形试件和圆形试件又作为两组来比较截面形状对试件性能的影响。

2.4.2　材性试验

材性试验是在哈尔滨工业大学材料学院万能材料试验机(如图 2-76 所示)上完成的。试验中所用到的变截面支撑钢构件所用制作板材为 Q235 钢材,材性试验方法为单向拉伸试验,材性拉伸试件如图 2 - 77 所示,本次试验共测定了钢材的弹性模量、屈服强度和抗拉极限强度等等,为能够真实地实现试件的有限元模拟提供了依据。

按照相关规范,共采用两组共 6 个试验标准件,依据相关规范设计加工出了材性试验试件,图 2 - 78 给出了标准件的具体尺寸及加工精度要求。材性试件的平均结果见表 2 - 11。

图 2 - 76　万能材料试验机

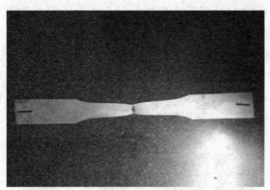

图 2 - 77　材性试件

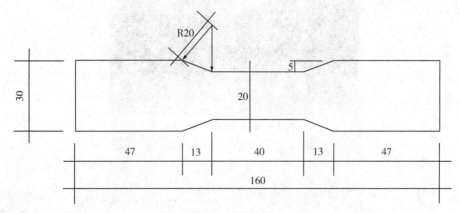

图 2 - 78　拉伸试件尺寸示意图

表 2 – 11　材性试验结果汇总

试件标号	名义厚度/mm	实际厚度/mm	弹性模量/MPa	屈服强度/MPa	极限强度/MPa
1	2.0	1.99	140.9	186.5	331.3
2	2.0	1.99	139.5	187.1	331.5
3	2.0	2.00	139.5	186.6	331.1
平均值	2.0	1.99	140.0	186.7	331.3

2.4.3　试验方案

本试验在哈尔滨工业大学大学生创新实验室进行,依据实验室设备和条件完成了变截面支撑的拟静力试验。

(1)试验加载装置

试验装置系统包含试验构件、30 t 千斤顶、反力柱、各量测仪器等。本节滞回试验采用水平向试验装置(如图 2 – 79 所示),整个加载系统通过两个反力柱固定,其中一个反力柱用来固定千斤顶(如图 2 – 80 所示),以施加轴向压力进行水平往复加载,千斤顶通过四根螺杆、两块端板固定在反力柱上,千斤顶通过油泵(如图 2 – 81 所示)来控制进出缸。千斤顶右端连接 30 t 荷载传感器,用以实时监测系统内荷载变化,荷载传感器右端与试验构件相连接,连接方式为铰接,即允许其端部发生转动,具体连接如图 2 – 82 所示,构件右端与另外一个反力柱铰接相连,提供反力。试件前端端板处水平、竖直方向各贴一200 mm × 80 mm 玻璃片,每个玻璃片各处安置一 30 mm 量程 LVDT 位移计。

图 2 – 79　试验加载框架

图 2-80　拉压式千斤顶

图 2-81　油泵

图 2-82　端部铰接

　　试验数据采集系统由传感器、数据采集仪和计算机三部分组成。位移、荷载等指标均用电测传感器测量,数据采集采用全自动静态采集仪和相配套的数据采集系统。其中荷载采集由 30 t 拉压荷载传感器(如图 2-83 所示)完成,位移采集由 30 mm 量程 LVDT 位移计(如图 2-84 所示)完成。荷载和位移记录仪器为 WS-3811 数字式动静态应变数据采集仪（如图2-85所示）。为了考察试件加载过程中各个截面应变变化情况，每根试件各布置应变片20个，布置位置为试件两端、试件两侧1/4处、试件中部沿试件截面四个方向各一个，应变采集由DH3816应变采集箱（如图2-86所示）完成。

图2-83　30 t拉压荷载传感器

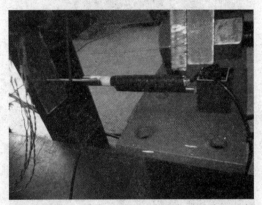

图2-84　30 mm LVDT位移计

2-85　WS-3811数字式动静态应变数据采集仪

图 2 - 86 DH3816 应变采集箱

（2）试验加载制度

加载方案对于构件性能的研究起着至关重要的作用,本节选用变幅位移加载方式。根据有限元模拟得出的数据,此种钢材 1 600 mm 长度的构件屈服位移在 1.5 mm 左右。加载制度依据文献[69]规定执行,弹性阶段内,以 0.5 mm 为步幅,拉压循环加载,每级荷载单次循环。构件屈服后以屈服位移为步幅,拉压循环加载,每级荷载循环两次。具体加载方式如图 2 - 87 所示。

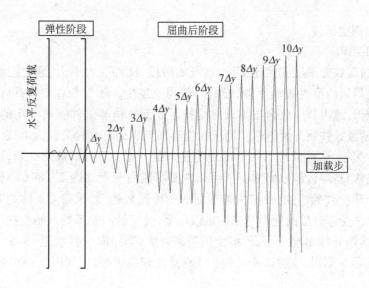

图 2 - 87 位移加载方式

试验过程中如发生以下现象之一则判断试件被破坏,试验结束:①支撑试件断裂;②承载力下降到极限稳定承载力的 85% 以下;③试件的荷载 - 位移曲线产生明显的下降段,试件不能再持荷。

2.4.4 试验过程和现象描述

在试验中,详细观察并记录了各个试件的变形、屈曲及破坏现象。试件变形、屈曲位置均为试件前端1/4处,如图2-88所示。

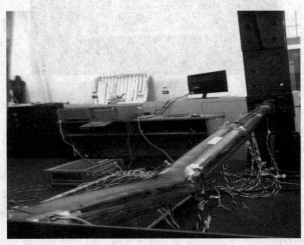

图2-88 试件屈曲位置

(1)方形截面试件

①试件F4050

试件与加载装置采用铰接连接形式,开始阶段,试件受力不大,通过控制荷载来控制试验进度,此阶段内试件表面平静,没有特殊现象发生。随着荷载增大,可以听见微小的噼啪声,经分析,此声音应该为支撑试件受拉后表面铁锈与试件剥离发出的声音,可观察到支撑表面锈蚀处铁锈开始剥落。当压向位移增至3 mm,此时荷载为46.805 kN,第一圈时,支撑开始失稳,试件前端1/4处出现明显肉眼可见上下方向鼓曲变形,同时承载力开始下降,当位移归零时,部分屈曲变形可以恢复。屈曲变形如图2-89(a)所示。随着位移的增大,循环次数的增加,支撑失稳后屈曲变形越来越大,承载力下降越来越快。位移继续增大,试件受弯时鼓曲变形越来越难以恢复,受弯鼓曲变形处开始变白、发暗,白暗处慢慢扩大且逐渐开始出现折痕,折痕范围越来越大,当拉向位移增至13.5 mm,此时荷载为74.57 kN,第一圈时,支撑表面前端1/4楞处出现撕裂断口,如图2-89(b)所示。

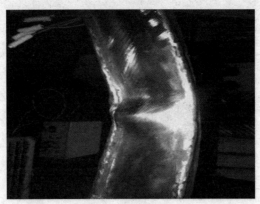

(a)试件 F4050 屈曲

(b)试件 F4050 撕裂

图 2 - 89　试件 F4050 试验现象

②试件 F4060

试件与加载装置采用铰接连接形式,开始阶段,试件受力不大,通过控制荷载来控制试验进度,此阶段内试件表面平静,没有特殊现象发生。随着荷载增大,可以听见微小的噼啪声,此声音应该为支撑试件受拉后表面铁锈与试件剥离发出的声音,可观察到支撑表面锈蚀处铁锈开始剥落。当压向位移增至 3 mm,此时荷载为 61.113 kN,第一圈时,支撑开始失稳,试件前端 1/4 处出现明显肉眼可见上下方向鼓曲变形,同时承载力开始下降,当位移归零时,部分屈曲变形可以恢复。屈曲变形如图 2 - 90(a)所示。随着位移的增大,循环次数的增加,支撑失稳后屈曲变形越来越大,承载力下降越来越快。位移继续增大,试件受弯时鼓曲变形越来越难以恢复,受弯鼓曲变形处开始变白、发暗,白暗处慢慢扩大且逐渐开始出现折痕,折痕范围越来越大,当拉向位移增至 13.5 mm,此时荷载为 89.126 kN,第一圈时,支撑表面前端 1/4 楞处出现撕裂断口,如图 2 - 90(b)所示。

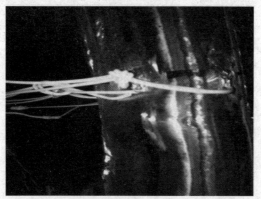

（a）试件 F4060 屈曲

（b）试件 F4060 撕裂

图 2-90　试件 F4060 试验现象

③试件 F4070

试件与加载装置采用铰接连接形式,开始阶段,试件受力不大,通过控制荷载来控制试验进度,此阶段内试件表面平静,没有特殊现象发生。随着荷载增大可以听见微小的噼啪声,此声音应该为支撑试件受拉后表面铁锈与试件剥离发出的声音,可观察到支撑表面锈蚀处铁锈开始剥落。当压向位移增至 3 mm,此时荷载为 53.823 kN,第一圈时,支撑开始失稳,试件前端 1/4 处出现明显肉眼可见上下方向鼓曲变形,同时承载力开始下降,当位移归零时,部分屈曲变形可以恢复。屈曲变形如图 2-91（a）所示。随着位移的增大,循环次数的增加,支撑失稳后屈曲变形越来越大,承载力下降越来越快。位移继续增大,试件受弯时鼓曲变形越来越难以恢复,受弯鼓曲变形处开始变白、发暗,白暗处慢慢扩大且逐渐开始出现折痕,折痕范围越来越大,当拉向位移增至 13.5 mm,此时荷载为 92.558 kN,第二圈时,支撑表面前端 1/4 棱处出现撕裂断口,如图 2-91（b）所示。

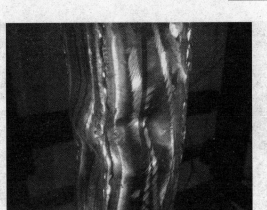

(a)试件 F4070 屈曲

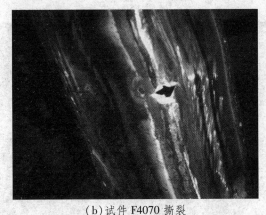

(b)试件 F4070 撕裂

图 2 - 91　试件 F4070 试验现象

④试件 F5062

试件与加载装置采用铰接连接形式,开始阶段,试件受力不大,通过控制荷载来控制试验进度,此阶段内试件表面平静,没有特殊现象发生。随着荷载增加,可以听见微小的噼啪声,经分析此声音应该为支撑试件受拉后表面铁锈与试件剥离发出的声音,可观察到支撑表面锈蚀处铁锈开始剥落。当压向位移增至 3 mm,此时荷载为 58. 143 kN,第一圈时,支撑开始失稳,试件前端 1/4 处出现明显肉眼可见左右方向鼓曲变形,同时承载力开始下降,当位移归零时,部分屈曲变形可以恢复。屈曲变形如图 2 - 92(a)所示。随着位移的增大,循环次数的增加,支撑失稳后屈曲变形越来越大,承载力下降越来越快。当拉向位移增至 9 mm,此时荷载为 89. 813 kN,第一圈时,支撑表面前端 1/4 棱处出现撕裂断口,如图 2 - 92(b)所示。继续加载,位移继续增大,试件受弯时鼓曲变形越来越难以恢复,受弯鼓曲变形处开始变白、发暗,白暗处慢慢扩大且逐渐开始出现折痕,折痕范围越来越大,当拉向位移增至 10. 5 mm,此时荷载为 68. 22 kN,第二圈时,支撑表面前端 1/4 棱处整个截面撕裂,如图 2 - 92(c)所示。

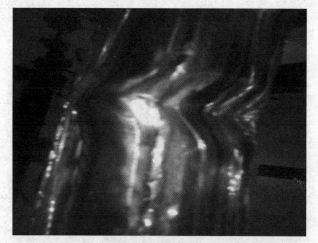

(a)试件 F5062 屈曲

(b)试件 F5062 撕裂

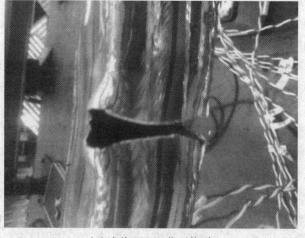

(c)试件 F5062 截面撕裂

图 2-92　试件 F5062 试验现象

⑤试件 F5075

试件与加载装置采用铰接连接形式,开始阶段,试件受力不大,通过控制荷载来控制试验进度,此阶段内试件表面平静,没有特殊现象发生。随着荷载增加,可以听见微小的噼啪声,经分析此声音应该为支撑试件受拉后表面铁锈与试件剥离发出的声音,可观察到支撑表面锈蚀处铁锈开始剥落。当压向位移增至 3 mm,此时荷载为 67.051 kN,第一圈时,支撑开始失稳,试件前端 1/4 处出现明显肉眼可见左右方向鼓曲变形,同时承载力开始下降,当位移归零时,部分屈曲变形可以恢复。屈曲变形如图 2 – 93(a)所示。随着位移的增大,循环次数的增加,支撑失稳后屈曲变形越来越大,承载力下降越来越快。当拉向位移增至 9 mm,此时荷载为 95.021 kN,第一圈时,支撑表面前端 1/4 楞处出现撕裂断口,如图 2 – 93(b)所示。继续加载,位移继续增大,试件受弯时鼓曲变形越来越难以恢复,受弯鼓曲变形处开始变白、发暗,白暗处慢慢扩大且逐渐开始出现折痕,折痕范围越来越大,当拉向位移增至 10.5 mm,此时荷载为 74.752 kN,第二圈时,支撑表面前端 1/4 楞处整个截面撕裂,如图 2 – 93(c)所示。

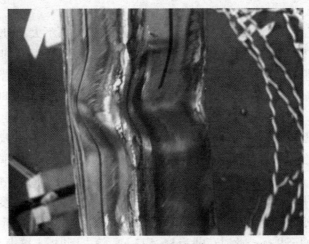

(a)试件 F5075 屈曲

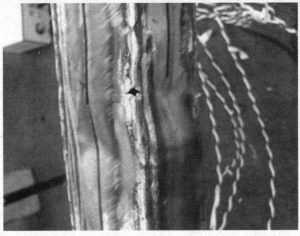

(b)试件 F5075 撕裂

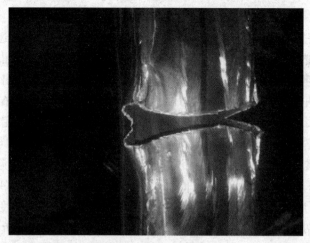

(c)试件 F5075 截面撕裂

图 2-93 试件 F5075 试验现象

⑥试件 F5087

试件与加载装置采用铰接连接形式,开始阶段,试件受力不大,通过控制荷载来控制试验进度,此阶段内试件表面平静,没有特殊现象发生。随着荷载增加,可以听见微小的噼啪声,经分析此声音应该为支撑试件受拉后表面铁锈与试件剥离发出的声音,可观察到支撑表面锈蚀处铁锈开始剥落。当压向位移增至 3 mm,此时荷载为 80.046 kN,第一圈时,支撑开始失稳,试件前端 1/4 处出现明显肉眼可见左右方向鼓曲变形,同时承载力开始下降,当位移归零时,部分屈曲变形可以恢复。屈曲变形如图 2-94(a)所示。随着位移的增大,循环次数的增加,支撑失稳后屈曲变形越来越大,承载力下降越来越快。当拉向位移增至 9 mm,此时荷载为 96.108 kN,第一圈时,支撑表面前端 1/4 楞处出现撕裂断口,如图 2-94(b)所示。继续加载,位移继续增大,试件受弯时鼓曲变形越来越难以恢复,受弯鼓曲变形处开始变白、发暗,白暗处慢慢扩大且逐渐开始出现折痕,折痕范围越来越大,当拉向位移增至 9 mm,此时荷载为 86.572 kN,第二圈时,支撑表面前端 1/4 楞处整个截面撕裂,如图 2-94(c)所示。

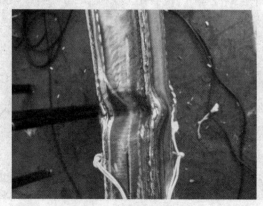

(a)试件 F5087 屈曲

(b)试件 F5087 撕裂

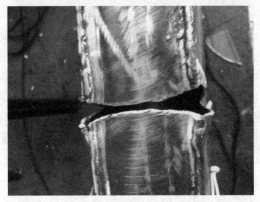

(c)试件 F5087 截面撕裂

图 2 - 94 试件 F5087 试验现象

(2)圆形截面试件

①试件 Y4050

试件与加载装置采用铰接连接形式,开始阶段,试件受力不大,通过控制荷载来控制试验进度,此阶段内试件表面平静,没有特殊现象发生。随着荷载增加,可以听见微小的噼啪声,经分析此声音应该为支撑试件受拉后表面铁锈与试件剥离发出的声音,可观察到支撑表面锈蚀处铁锈开始剥落。当压向位移增至 3 mm,此时荷载为 41.658 kN,第一圈时,支撑开始失稳,试件前端 1/4 处出现明显肉眼可见上下方向鼓曲变形,同时承载力开始下降,当位移归零时,部分屈曲变形可以恢复。屈曲变形如图 2 - 95(a)所示。随着位移的增大,循环次数的增加,支撑失稳后屈曲变形越来越大,承载力下降越来越快。当拉向位移增至 7.5 mm,此时荷载为 73.808 kN,第二圈时,支撑表面前端 1/4 鼓曲处出现突然整截面撕开,如图 2 - 95(b)所示。分析出现此现象原因为试件此处存在材料或加工缺陷。

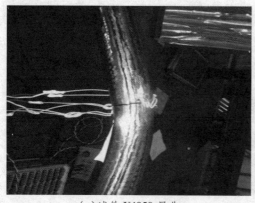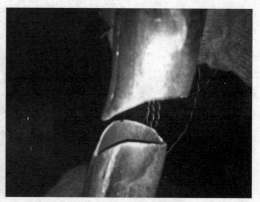

（a）试件 Y4050 屈曲　　　　　　　　　　（b）试件 Y4050 撕开

图 2-95　试件 Y4050 试验现象

②试件 Y4060

试件与加载装置采用铰接连接形式，开始阶段，试件受力不大，通过控制荷载来控制试验进度，此阶段内试件表面平静，没有特殊现象发生。随着荷载增加，可以听见微小的噼啪声，经分析此声音应该为支撑试件受拉后表面铁锈与试件剥离发出的声音，可观察到支撑表面锈蚀处铁锈开始剥落。当压向位移增至 3 mm，此时荷载为 41.658 kN，第一圈时，支撑开始失稳，试件前端 1/4 处出现明显肉眼可见上下方向鼓曲变形，同时承载力开始下降，当位移归零时，部分屈曲变形可以恢复。屈曲变形如图 2-96（a）所示。随着位移的增大，循环次数的增加，支撑失稳后屈曲变形越来越大，承载力下降越来越快，施加拉向荷载时，屈曲处逐步出现白暗色折痕，范围越来越大，直至出现断裂。位移继续增大，试件受弯时鼓曲变形越来越难以恢复，受弯鼓曲变形处开始变白、发暗，白暗处慢慢扩大且逐渐开始出现折痕，折痕范围越来越大，当拉向位移增至 13.5 mm，此时荷载为 77.741 kN，第一圈时，支撑表面前端 1/4 鼓曲处出现撕裂断口，如图 2-96（b）所示。

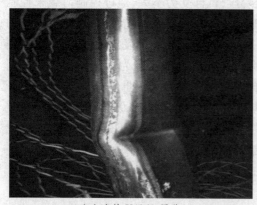

（a）试件 Y4060 屈曲　　　　　　　　　　（b）试件 Y4060 撕裂

图 2-96　试件 Y4060 试验现象

③试件 Y4070

试件与加载装置采用铰接连接形式,开始阶段,试件受力不大,通过控制荷载来控制试验进度,此阶段内试件表面平静,没有特殊现象发生。随着荷载增加,可以听见微小的噼啪声,此声音应该为支撑试件受拉后表面铁锈与试件剥离发出的声音,可观察到支撑表面锈蚀处铁锈开始剥落。当压向位移增至 3 mm,此时荷载为 47.095 kN,第一圈时,支撑开始失稳,试件前端 1/4 处出现明显肉眼可见上下方向鼓曲变形,同时承载力开始下降,当位移归零时,部分屈曲变形可以恢复。屈曲变形如图 2 - 97(a)所示。随着位移的增大,循环次数的增加,支撑失稳后屈曲变形越来越大,承载力下降越来越快,施加拉向荷载时,屈曲处逐步出现白暗色折痕,范围越来越大,直至出现断裂。位移继续增大,试件受弯时鼓曲变形越来越难以恢复,受弯鼓曲变形处开始变白、发暗,白暗处慢慢扩大且逐渐开始出现折痕,如图 2 - 97(b)所示,折痕范围越来越大,当拉向位移增至 15 mm,此时荷载为 83.9 kN,第一圈时,支撑表面前端 1/4 鼓曲处出现撕裂断口,如图 2 - 97(c)所示。

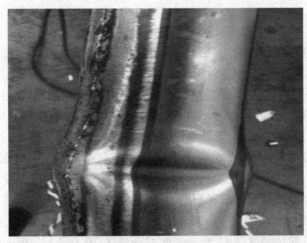

(a)试件 Y4070 屈曲

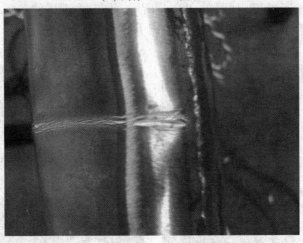

(b)试件 Y4070 折痕

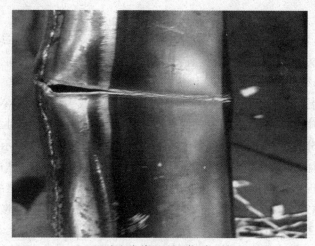

(c)试件 Y4070 撕裂

图 2 - 97　试件 Y4070 试验现象

④试件 Y5062

试件与加载装置采用铰接连接形式,开始阶段,试件受力不大,通过控制荷载来控制试验进度,此阶段内试件表面平静,没有特殊现象发生。当压向位移增至 3 mm,此时荷载为 46.425 kN,第一圈时,支撑开始失稳,试件前端 1/4 处出现明显肉眼可见上下方向鼓曲变形,同时承载力开始下降,当位移归零时,部分屈曲变形可以恢复。屈曲变形如图 2 - 98(a)所示。随着位移的增大,循环次数的增加,支撑失稳后屈曲变形越来越大,承载力下降越来越快,施加拉向荷载时,屈曲处逐步出现白暗色折痕,范围越来越大,直至出现断裂。位移继续增大,试件受弯时鼓曲变形越来越难以恢复,受弯鼓曲变形处开始变白、发暗,白暗处慢慢扩大且逐渐开始出现折痕,折痕范围越来越大,当拉向位移增至 15 mm,此时荷载为 81.117 kN,第一圈时,支撑表面前端 1/4 楞处出现撕裂断口,如图 2 - 98(b)所示。继续加载,当拉向位移增至 17.5 mm,此时荷载为 70.612 kN,第一圈时,支撑表面前端 1/4 鼓曲处整个截面撕裂,如图 2 - 98(c)所示。同时发现试件喉部端板处出现焊口撕裂,如图 2 - 98(d)所示,分析出现此现象原因为此处有焊接缺陷。

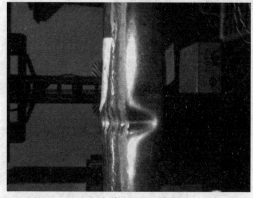

(a)试件 Y5062 屈曲

(b)试件 Y5062 撕裂

（c）试件 Y5062 截面撕裂　　　　　　　　（d）试件 Y5062 焊口撕裂

图 2 - 98　试件 Y5062 试验现象

⑤试件 Y5075

试件与加载装置采用铰接连接形式,开始阶段,试件受力不大,通过控制荷载来控制试验进度,此阶段内试件表面平静,没有特殊现象发生。随着荷载增加,可以听见微小的噼啪声,经分析此声音应该为支撑试件受拉后表面铁锈与试件剥离发出的声音,可观察到支撑表面锈蚀处铁锈开始剥落。当压向位移增至 3 mm,此时荷载为 49.514 kN,第一圈时,支撑开始失稳,试件前端 1/4 处出现明显肉眼可见上下方向鼓曲变形,同时承载力开始下降,当位移归零时,部分屈曲变形可以恢复。屈曲变形如图 2 - 99(a)所示。随着位移的增大,循环次数的增加,支撑失稳后屈曲变形越来越大,承载力下降越来越快,施加拉向荷载时,屈曲处逐步出现白暗色折痕,范围越来越大,直至出现断裂。位移继续增大,试件受弯时鼓曲变形越来越难以恢复,受弯鼓曲变形处开始变白、发暗,白暗处慢慢扩大且逐渐开始出现折痕,折痕范围越来越大,当拉向位移增至 15 mm,此时荷载为 86.184 kN,第一圈时,支撑表面前端 1/4 鼓曲处出现撕裂断口,如图 2 - 99(b)所示。继续加载。当拉向位移增至 17.5 mm,此时荷载为 79.953 kN,第一圈时,支撑表面前端 1/4 楞处整个截面撕裂,如图 2 - 99(c)所示。

（a）试件 Y5075 屈曲

（b）试件 Y5075 撕裂

（c）试件 Y5075 截面撕裂

图 2 - 99　试件 Y5075 试验现象

⑥试件 Y5087

试件与加载装置采用铰接连接形式,开始阶段,试件受力不大,通过控制荷载来控制试验进度,此阶段内试件表面平静,没有特殊现象发生。随着荷载增加,可以听见微小的噼啪声,经分析此声音应该为支撑试件受拉后表面铁锈与试件剥离发出的声音,可观察到支撑表面锈蚀处铁锈开始剥落。当压向位移增至 3 mm,此时荷载为 60.718 kN,第一圈时,支撑开始失稳,试件前端 1/4 处出现明显肉眼可见上下方向鼓曲变形,同时承载力开始下降,当位移归零时,部分屈曲变形可以恢复。屈曲变形如图 2 - 100(a)所示。随着位移的增大,循环次数的增加,支撑失稳后屈曲变形越来越大,承载力下降越来越快,施加拉向荷载时,屈曲处逐步出现白暗色折痕,范围越来越大,直至出现断裂。位移继续增大,试件受弯时鼓曲变形越来越难以恢复,受弯鼓曲变形处开始变白、发暗,白暗处慢慢扩大且逐渐开始出现折痕,折痕范围越来越大,当拉向位移增至 12 mm,此时荷载为 99.951 kN,第一圈时,支撑表面前端 1/4 鼓曲处出现撕裂断口,如图 2 - 100(b)所示。继续加载,当拉向位移增至 13.5 mm,此时荷载为 75.427 kN,第一圈时,支撑表面前端 1/4 楞处整个截面撕裂,如图 2-100(c)所示。

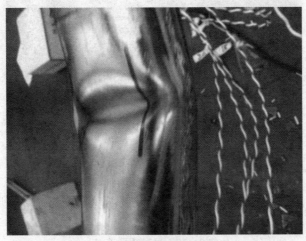

(a)试件 Y5087 屈曲

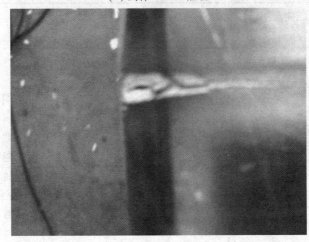

(b)试件 Y5087 撕裂

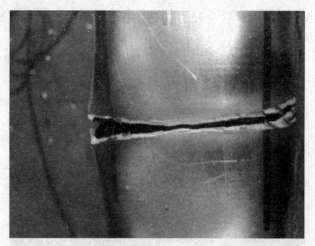

(c)试件 Y5087 截面撕裂

图 2 - 100　试件 Y5087 试验现象

综上所述,12 根变截面支撑试件破坏过程及破坏现象如表 2 - 12 所示。

表 2 - 12　试验现象汇总

试件编号	第一次鼓曲加载位移/mm	破坏时加载位移/mm	破坏位置	破坏现象
F4050	3	13.5		
F4060	3	13.5		前端 1/4 处明显鼓曲变形→承载力下降→部分屈曲变形恢复→屈曲变形越来越大,承载力下降越来越快→屈曲处出现白暗色折痕(Y4050全截面撕开)→折痕范围越来越大→折痕处出现裂口→裂口处撕裂(Y5062 端焊口处撕裂)
F4070	3	13.5		
F5062	3	10.5		
F5075	3	10.5		
F5087	3	9	试件前端 1/4 处左右(Y5062 试件端焊口处)	
Y4050	3	7.5		
Y4060	3	13.5		
Y4070	3	15		
Y5062	3	17.5		
Y5075	3	17.5		
Y5087	3	13.5		

2.5 变截面支撑的试验数据分析

2.5.1 方形截面试件试验数据分析

(1)滞回曲线

试件滞回曲线如图 2-101 所示,图中纵坐标为荷载值,横坐标为支撑端部轴向位移值,其中受拉为正向。

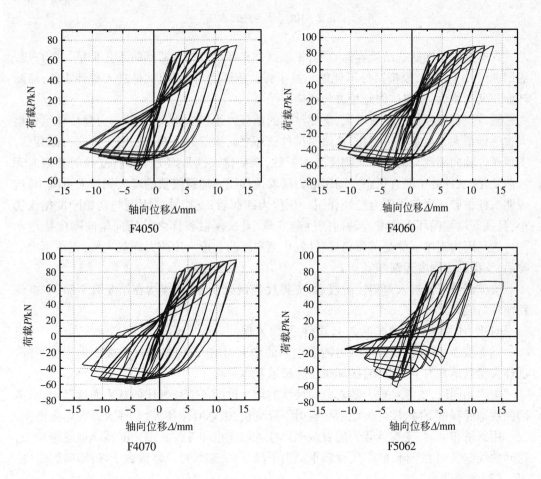

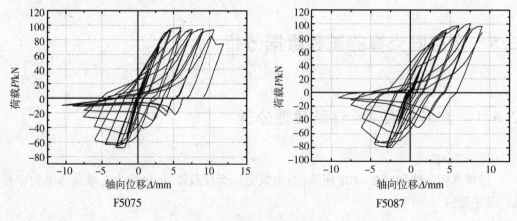

图 2 - 101 试件滞回曲线

观察图中滞回曲线结果容易看出,模拟试件在弹性范围内滞回曲线几乎呈一条直线,滞回曲线几乎闭合,模拟试件不耗能。过了弹性范围之后,模拟试件进入塑性阶段,滞回环面积渐渐增大,模拟试件开始参与耗能。

随着位移循环加载级数增大,支撑试件的承载力逐步变化:其中拉应力随位移级数增大也逐渐增大直至基本不变化,这说明试件破坏之前拉应力还没有屈服。拉应力卸载后,支撑试件轴向刚度与初始轴向刚度基本一致,未变化。这是因为当试件受拉时其侧向无弯曲变化,试件处于挺直状态。而压应力随着位移循环加载级数的增大先增大再减小,这说明试件被破坏之前压应力已经屈服。压应力卸载后,支撑轴向刚度与初始刚度相比变小,且随着位移循环级数增大轴向刚度越来越小,试件被破坏之前压向轴向刚度接近水平。这是因为支撑试件受压失稳,试件发生侧向屈曲变形。压应力卸载完成,支撑再次受拉后,支撑轴向刚度逐渐恢复。

支撑试件屈曲进入弹塑性阶段后,支撑耗能情况良好,支撑均在第 8 级至第 11 级位移循环后破坏。

对比不同组(分组情况见 2.4)试件,可以发现:

端部截面相同时,支撑承载力随着楔率的增大而增大,但是滞回曲线饱满程度下降,试件失稳后承载力下降变快,破坏时位移级数基本一样。

楔率相同时,支撑承载力随着截面尺寸的增大也即等效长细比的减小而逐渐增大,滞回曲线饱满程度下降,试件失稳后承载力下降变快,破坏时位移级数下降,即破坏变快。

用钢量相同时,支撑承载力随着截面尺寸的增大也即等效长细比的减小而逐渐增大,滞回曲线饱满程度下降,试件失稳后承载力下降变快,破坏时位移级数下降,即破坏变快。

(2)骨架曲线

试件骨架曲线如图 2 - 102 所示,图中纵坐标为荷载值,横坐标为支撑端部轴向位移值,其中受拉为正向。

①端部截面相同

端部截面相同时,试件骨架曲线如图 2 - 102 所示。

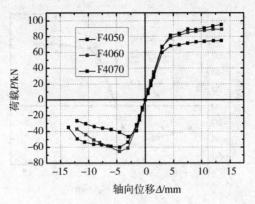

端部截面 40 mm×40 mm

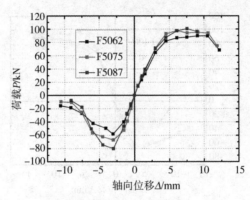

端部截面 50 mm×50 mm

图 2-102　试件骨架曲线

　　观察曲线容易发现,当端部截面相同时支撑试件的初始轴向刚度随着楔率的增大略有提高。端部截面为方形时(40 mm×40 mm),三根支撑试件的承载力随着楔率的增大而增大,当试件楔率从 0.006 25 提高至 0.012 50 再提高至 0.018 75 时,其承载力分别提高了 19.85% 和 27.72%。端部截面为方形时(50 mm×50 mm),三根支撑试件的承载力同样随着楔率的增大而增大,当试件楔率从 0.007 50 提高至 0.015 00 再提高至 0.022 50 时,其承载力分别提高了 5.80% 和 11.93%。但是,随着试件楔率的增大其滞回曲线饱满程度下降,试件失稳后承载力下降变快,破坏时位移级数基本一样。

　　②楔率相同时

　　楔率相同时,试件骨架曲线如图 2-103 所示。

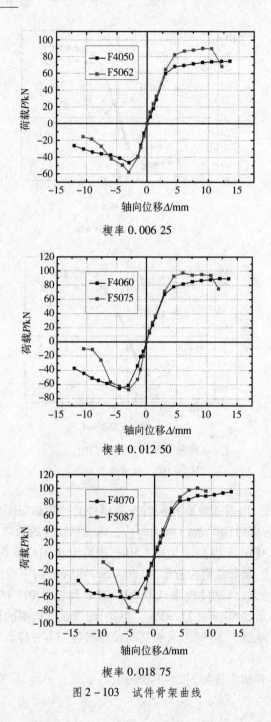

楔率 0.006 25

楔率 0.012 50

楔率 0.018 75

图 2-103　试件骨架曲线

观察曲线容易发现,当楔率相同时支撑试件轴向初始刚度随着试件长细比的减小而略有提高。当试件等效长细比从 99.84 降低至 79.67 时,其等效长细比下降了 20.20%,而其承载力提高了 20.44%。当试件等效长细比从 86.62 降低至 66.78 时,其等效长细比下降了 22.91%,而其承载力提高了 6.61%。当试件等效长细比从 76.88 降低至 61.37 时,其等效长细比下降了 20.17%,而其承载力提高了 5.55%。随着试件等效长细比的减小其滞回曲线饱满程度下降,试件失稳后承载力下降变快,破坏时位移级数下降,即破坏变快。

③用钢量相同时

用钢量相同时,试件骨架曲线如图 2 – 104 所示。

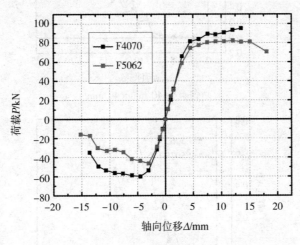

图 2 – 104　试件骨架曲线

观察曲线容易发现,当用钢量相同时(F4070 试件用钢量为 5.49 kg,F5062 试件用钢量为 5.59 kg,基本相同),支撑试件随着截面尺寸的减小也即等效长细比的增大轴向初始刚度略有提升,受压阶段,试件截面尺寸越大也即等效长细比越小承载力下降越快。支撑承载力随着截面尺寸的增大也即等效长细比的减小而逐渐增大,当试件等效长细比从 79.67 降低至 76.88,其长细比降低了 3.63%,其承载力提高了 6.04%。随着试件等效长细比的减小其滞回曲线饱满程度下降,试件失稳后承载力下降变快,破坏时位移级数下降,即破坏变快。

(3)耗能

试件耗能曲线如下图所示,图中纵坐标为荷载值,横坐标为支撑端部轴向位移值,其中受拉为正向。

①端部截面相同

端部截面相同时,试件耗能情况如图 2 – 105 所示。

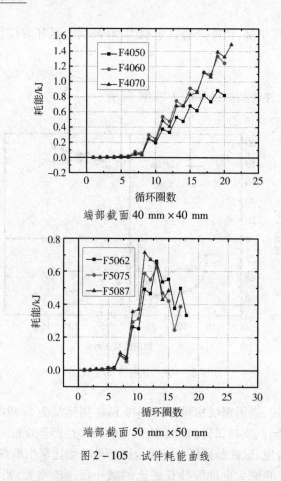

端部截面 40 mm×40 mm

端部截面 50 mm×50 mm

图 2-105 试件耗能曲线

观察曲线容易发现,在加载初期,荷载作用下试件滞回环包围面积很小,支撑试件处于弹性工作状态。当端部截面相同时支撑试件的耗能能力随着楔率的增大而增大。端部截面 50 mm×50 mm 试件相比端部截面 40 mm×40 mm 试件在循环圈数达到 10 圈之后,耗能能力开始下降,且楔率越小的试件下降得越快,这是因为试件在循环 10 圈之后发生比较严重鼓曲变形,试件受拉时很难抵消全部鼓曲变形,使得耗能能力下降。

②楔率相同时

楔率相同时,试件耗能情况如图 2-106 所示。

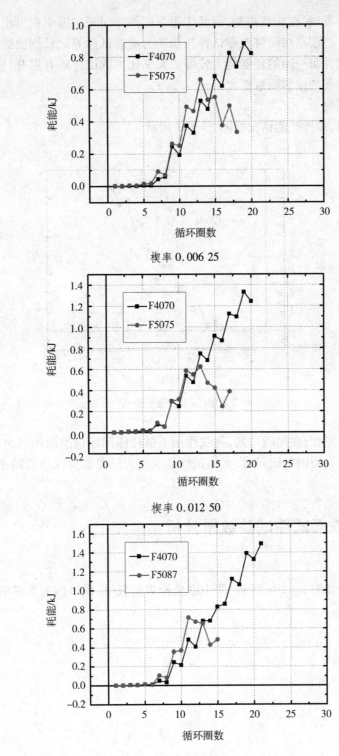

楔率 0.006 25

楔率 0.012 50

楔率 0.018 75

图 2 - 106　试件耗能曲线

观察曲线容易发现,在加载初期,荷载作用下试件滞回环包围面积很小,支撑试件处于弹性工作状态。当楔率相同时支撑试件耗能能力随着试件等效长细比的减小而减小。等效长细比小的试件每一圈的耗能能力较等效长细比大的试件略有提升,但是等效长细比大的试件所能耐受的位移圈数更大。

③用钢量相同时

用钢量相同时,试件耗能情况如图 2-107 所示。

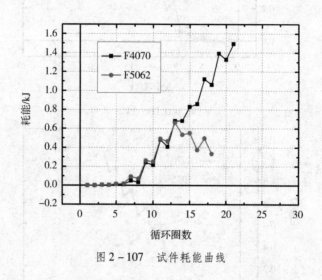

图 2-107 试件耗能曲线

观察曲线容易发现,在加载初期,荷载作用下试件滞回环包围面积很小,支撑试件处于弹性工作状态。当用钢量相同时,支撑试件耗能能力随着截面尺寸的减小也即等效长细比的增大而增大。

2.5.2 圆形截面试件试验数据分析

(1)滞回曲线

试件滞回曲线如图 2-108 所示,图中纵坐标为荷载值,横坐标为支撑端部轴向位移值,其中受拉为正向。

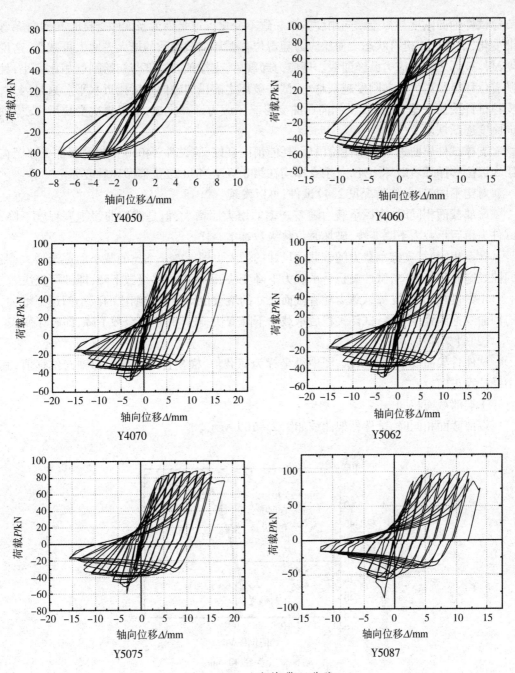

图 2-108 试件滞回曲线

观察图中滞回曲线结果容易看出,模拟试件在弹性范围内滞回曲线几乎呈一条直线,滞回曲线几乎闭合,模拟试件不耗能。过了弹性范围之后,模拟试件进入塑性阶段,滞回环面积渐渐增大,模拟试件开始参与耗能。

随着位移循环加载级数增大,支撑试件的承载力逐步变化:其中拉应力随位移级数增大也逐渐增大直至基本不变化,这说明试件破坏之前拉应力还没有屈服。拉应力卸载后,支撑试件轴向刚度与初始轴向刚度基本一致不变化。这是因为当试件受拉时其侧向无弯曲变化,试件处于挺直状态。而压应力随着位移循环加载级数的增大先增大再减小,这说明试件破坏之前压应力已经屈服。压应力卸载后,支撑轴向刚度与初始刚度相比变小,且随着位移级数增大轴向刚度越来越小,试件破坏之前压向轴向刚度接近水平。这是因为,支撑试件受压失稳,试件发生侧向屈曲变形。压应力卸载完成,支撑再次受拉后,支撑轴向刚度逐渐恢复。

支撑试件屈曲进入弹塑性阶段后,耗能情况良好,除试件 Y4050 因材料及加工原因在第 5 级位移循环后破坏之外,其余支撑均在第 8 级至第 11 级位移循环后破坏。

对比不同组(分组情况见 2.4)试件,可以发现:

端部截面相同时,支撑承载力随着楔率的增大而增大,但是滞回曲线饱满程度下降,试件失稳后承载力下降变快,破坏时位移级数基本一样。

楔率相同时,支撑承载力随着截面尺寸的增大也即等效长细比的减小而逐渐增大,滞回曲线饱满程度下降,试件失稳后承载力下降变快,破坏时位移级数下降,即破坏变快。

用钢量相同时,支撑承载力随着截面尺寸的增大也即等效长细比的减小而逐渐增大,滞回曲线饱满程度下降,试件失稳后承载力下降变快,破坏时位移级数下降,即破坏变快。

(2)骨架曲线

试件骨架曲线如下图所示,图中纵坐标为荷载值,横坐标为支撑端部轴向位移值,其中受拉为正向。

①端部截面相同

端部截面相同时,试件骨架曲线如图 2-109 所示。

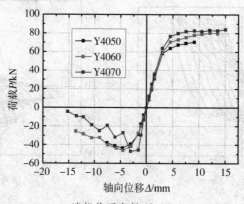

端部截面直径 40 mm

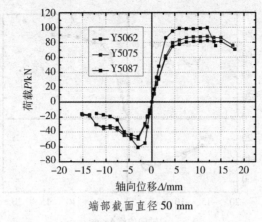

端部截面直径 50 mm

图 2 - 109　试件骨架曲线

观察曲线容易发现,当端部截面相同时支撑试件的初始轴向刚度随着楔率的增大略有提高。端部截面为圆形且直径为 40 mm 的三根支撑试件的承载力随着楔率的增大而增大,当试件楔率从 0.006 25 提高至 0.012 50 再提高至 0.018 75,其承载力分别提高了 7.68% 和 12.51%。端部截面为圆形且直径为 50 mm 的三根支撑试件的承载力同样随着楔率的增大而增大,当试件楔率从 0.007 50 提高至 0.015 00 再提高至 0.022 50,其承载力分别提高了 6.7% 和 20.9%。但是,随着试件楔率的增大,其滞回曲线饱满程度下降,试件失稳后承载力下降变快,破坏时位移级数基本一样。

②楔率相同时

楔率相同时,试件骨架曲线如图 2 - 110 所示。

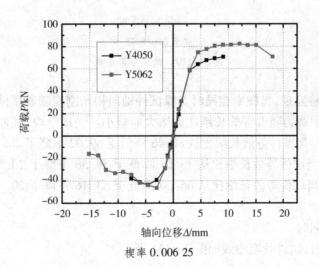

楔率 0.006 25

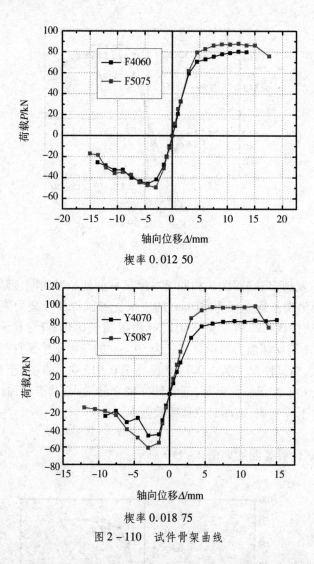

楔率 0.012 50

楔率 0.018 75

图 2-110　试件骨架曲线

观察曲线容易发现,当楔率相同时支撑试件轴向初始刚度随着试件等效长细比的减小而略有提高。承载力随着等效长细比的增大而减小。受压阶段,试件等效长细比越小承载力下降越快。当试件等效长细比从 86.46 降低至 69.02 下降了 20.17%,而其承载力提高了 6.20%。当试件等效长细比从 75.03 降低至 59.58 下降了 20.59%,而其承载力提高了 9.46%。当试件等效长细比从 66.60 降低至 53.16 下降了 20.18%,而其承载力提高了 18.7%。

③用钢量相同时

用钢量相同时,试件骨架曲线如图 2-111 所示。

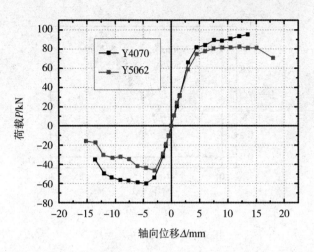

图 2 - 111　试件骨架曲线

观察曲线容易发现,支撑试件随着截面尺寸的减小也即等效长细比的增大,轴向初始刚度略有提升,承载力增大;受压阶段,试件截面尺寸越大也即等效长细比越小承载力下降越快。当用钢量相同时(Y4070 试件用钢量为 4.31 kg,Y5062 试件用钢量为 4.39 kg,基本相同),支撑试件随着截面尺寸的减小也即等效长细比的增大,轴向初始刚度略有提升,受压阶段,试件截面尺寸越大也即等效长细比越小承载力下降越快。支撑承载力随着截面尺寸的增大也即等效长细比的减小而逐渐增大,当试件等效长细比从 69.02 降低至 66.60 降低了 3.51%,其承载力提高了 1.82%。

(3)耗能

试件耗能曲线如下图所示,图中纵坐标为荷载值,横坐标为支撑端部轴向位移值,其中受拉为正向。

①端部截面相同

端部截面相同时,试件耗能情况如图 2 - 112 所示。

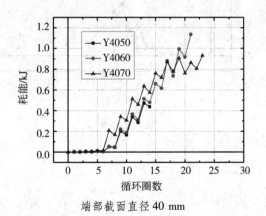

端部截面直径 40 mm

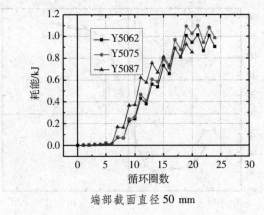

端部截面直径 50 mm

图 2-112　试件耗能曲线

　　观察曲线容易发现,在加载初期,荷载作用下试件滞回环包围面积很小,支撑试件处于弹性工作状态。当端部截面相同时楔率为 0.015 00 的支撑试件的耗能能力较好。端部截面直径为 50 mm 的试件相比端部截面直径为 40 mm 的试件在循环圈数达到 20 圈之后,耗能能力开始下降,且楔率越小的试件下降得越快,这是因为试件在循环 20 圈之后发生比较严重鼓曲变形,试件受拉时很难抵消全部鼓曲变形,使得耗能能力下降。

　　②楔率相同时

　　楔率相同时,试件耗能情况如图 2-113 所示。

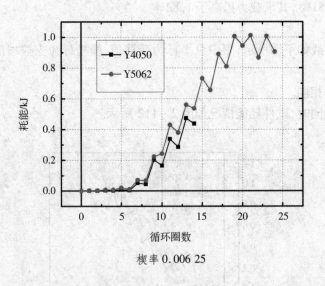

楔率 0.006 25

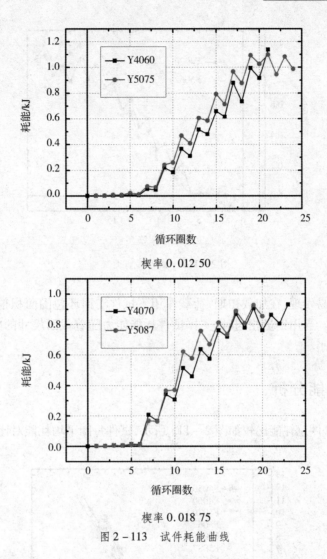

楔率 0.012 50

楔率 0.018 75

图 2 - 113 试件耗能曲线

观察曲线容易发现,在加载初期,荷载作用下试件滞回环包围面积很小,支撑试件处于弹性工作状态。除试件 Y4050 因材料及加工原因在第 5 级位移循环后破坏之外,当楔率相同时支撑试件耗能能力随着试件等效长细比的减小而减小。等效长细比小的试件每一圈的耗能能力较等效长细比大的试件略有提升,可是等效长细比大的试件所能耐受的位移圈数更大。

③用钢量相同时

用钢量相同时,试件耗能情况如图 2 - 114 所示。

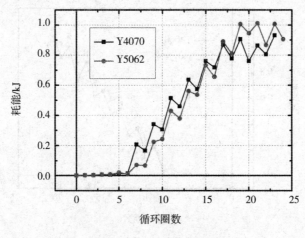

图 2 - 114   试件耗能曲线

观察曲线容易发现,在加载初期,荷载作用下试件滞回环包围面积很小,支撑试件处于弹性工作状态。当用钢量相同时,支撑试件耗能能力随着截面尺寸的减小也即等效长细比的增大而减小。

2.5.3   总耗能分析

全部 12 根试件总耗能比较如图 2 - 115 所示,试件每圈平均耗能对比见表 2 - 13。

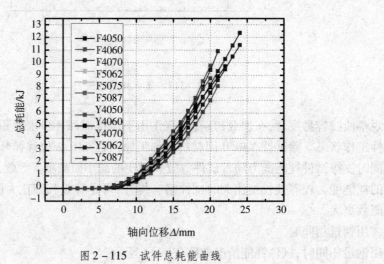

图 2 - 115   试件总耗能曲线

表 2 - 13　试件每圈平均耗能

	截面 4050	截面 4060	截面 4070	截面 5062	截面 5075	截面 5087	平均值（kJ）
方形	0.488 41	0.697 30	0.727 58	0.386 68	0.370 50	0.434 23	0.517 45
圆形	0.251 92	0.542 31	0.625 87	0.632 98	0.686 29	0.625 48	0.560 81

　　从试件总耗能曲线图容易看出圆形试件耗能圈数比方形试件多,这是因为试件加工时,方形试件为四块钢板焊接制成,焊接处因角度尖锐,容易造成应力集中而不能长时间承受荷载,并且焊接处会受焊接条件、焊接水平等因素制约而产生缺陷,削弱焊接处材料性能;圆形试件为一整块钢板卷制而成,不会造成应力集中现象,且无焊接问题。而从试件每圈平均耗能(试件总耗能与耗能圈数的比值)表中可以看出,个别方形试件每一圈耗能能力比圆形试件好,如 F4070 试件每圈耗能最大,这是因为当圆形试件直径与方形试件边长相等时,方形试件截面面积更大。

　　综合比较,F4070、Y5062、Y5075 三根试件耗能情况良好。其中 F4070 试件,每一圈的耗能能力较好,但是耗能圈数不多。Y5062、Y5075 试件耗能圈数多,每一圈的耗能能力不如 F4070。三根试件中 Y5075 的耗能圈数更多,耗能能力更好。

2.5.4　有限元模拟分析

　　基于前文已得到的试验结果,圆形截面试件的滞回、耗能性能优于方形截面试件,下文将运用 ANSYS 有限元软件同尺寸模拟分析试验中所用的 6 根圆形截面试件,对比、分析试验数据和有限元模拟分析得到数据。

　　(1) 有限元模型简介

　　本节利用 ANSYS 有限元程序对试验中 6 根圆形截面试件进行模拟分析,因试验所用试件为 2 mm 厚的薄壁钢管,符合 SHELL181 单元从薄到中等厚度壳结构的单元要求,故采用 SHELL181 单元建立 6 根不同参数的变截面支撑试件。模拟中,选择与试件材性试验相同的数据,屈服应力为 186.77 MPa、弹性模量为 139.97 MPa、切线模量为 0.02 E、泊松比为 0.3 的 Q235 钢材。ANSYS 模拟中,以 Von - Mises 屈服准则和双线性随动强化法则(强化段斜率取弹性模量的 2%)为主要计算准则,计算过程中也参考其他相关流动准则。为了更真实反应试件的尺寸形状,有限元模拟中依据第一整体屈曲模态中的屈曲模式,利用 UPGEOM 命令对变截面支撑模型施加 $l/1\,000$ 的整体初始缺陷,与整体屈曲模态相对应,又依据第一局部屈曲模态中的屈曲模式,利用 UPGEOM 命令对变截面支撑模型施加 $d/1\,000$ 的局部初始缺陷,其中 l 为模拟支撑试件的轴向长度,d 为模拟支撑试件的中部截面外径。残余应力基本不影响支撑试件的滞回曲线,只是支撑试件第一次受压时影响其受压极值,这是因为支撑试件第一次受压后,将会周期性地重复受压后屈曲和受拉后恢复这一过程,每个周期都会造成应力的重新分布。综上所述,在变截面支撑有限元模拟分析中不考虑残余应力的影响。有限元模型建立如图 2 - 116 所示。

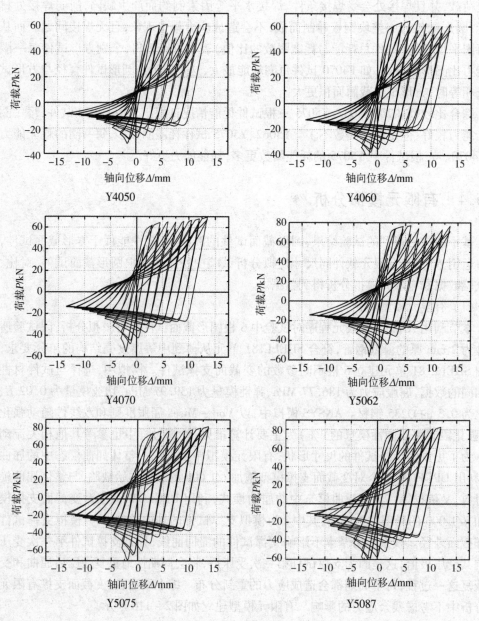

图 2 - 116　变截面支撑有限元模型

（2）有限元模型结果

试件有限元模拟滞回曲线如图 2 - 117 所示,图中纵坐标为荷载值,横坐标为支撑端部轴向位移值,其中受拉为正向。

Y4050

Y4060

Y4070

Y5062

Y5075

Y5087

图 2 - 117　试件模拟滞回曲线

观察图中滞回曲线结果容易看出,模拟试件在弹性范围内滞回曲线几乎呈一条直线,滞回曲线几乎闭合,模拟试件不耗能。过了弹性范围之后,模拟试件进入塑性阶段,滞回环面积渐渐增大,模拟试件开始参与耗能。

对比不同试件,可以发现:

端部截面相同时,支撑承载力随着楔率的增大而增大,但是滞回曲线饱满程度下降,试件失稳后承载力下降变快。端部截面为圆形且直径为 40 mm 的三根支撑试件的承载力随着楔率的增大而增大,当试件楔率从 0.006 25 提高至 0.012 50 再提高至0.018 75,其承载力分别提高了 4.75% 和 12.29%。端部截面为圆形且直径为 50 mm 的三根支撑试件的承载力同样随着楔率的增大而增大,当试件楔率从 0.007 50 提高至 0.015 00 再提高至0.022 50,其承载力分别提高了 7.07% 和 15.74%。但是,随着试件楔率的增大其滞回曲线饱满程度下降。

楔率相同时,支撑承载力随着截面尺寸的增大也即等效长细比的减小而逐渐增大,滞回曲线饱满程度下降,试件等效失稳后承载力下降变快。受压阶段,试件等效长细比越小承载力下降越快。当试件等效长细比从 86.46 降低至 69.02 下降了 20.17%,而其承载力提高了 5.12%。当试件等效长细比从 75.03 降低至 59.58 下降了 20.59%,而其承载力提高了 6.41%。当试件等效长细比从 66.60 降低至 53.16 下降了 20.18%,而其承载力提高了 8.07%。

从图 2 - 118(定义正向位移为拉,负向位移为压)Y5075 各阶段 Mises 应力图中可以看出,轴向位移在 1.5 mm 以内时,支撑未屈服,处于弹性阶段。受压轴向位移达到 3 mm 时,支撑前端 1/4 处出现微小鼓曲,但此时鼓曲截面尚未屈服,最大应力值为 213 MPa。受压轴向位移达到 4.5 mm 时,鼓曲截面处部分位置开始屈服,最大应力值已达到 242 MPa。随着轴向位移的逐渐增大,受压屈曲失稳时支撑鼓曲现象越来越严重,受压轴向位移达到 13.5 mm 时,鼓曲截面处整个截面屈服,最大应力值已达到 383 MPa。模拟中,支撑破坏过程与试验过程基本一致,鼓曲位置均为支撑前端 1/4 处,且随轴向位移增大,鼓曲变形越来越大,直至整个鼓曲截面屈服。

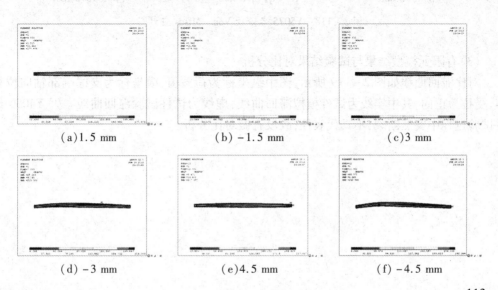

(a)1.5 mm (b) - 1.5 mm (c)3 mm

(d) - 3 mm (e)4.5 mm (f) - 4.5 mm

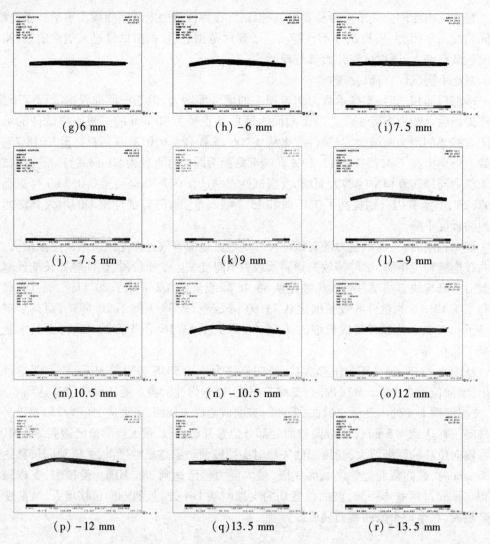

(g)6 mm   (h) -6 mm   (i)7.5 mm

(j) -7.5 mm   (k)9 mm   (l) -9 mm

(m)10.5 mm   (n) -10.5 mm   (o)12 mm

(p) -12 mm   (q)13.5 mm   (r) -13.5 mm

图 2-118   Y5075 各阶段 Von-Mises 应力图

(3)有限元模型结果与试验结果对比分析

对比滞回曲线如图 2-119 所示,图中纵坐标为荷载值,横坐标为支撑端部轴向位移值,受拉为正向,其中实线为试件模拟滞回曲线,虚线为试件试验滞回曲线。因 Y4050 试件试验过程中突然断裂,不具代表性,故没有做对比分析。

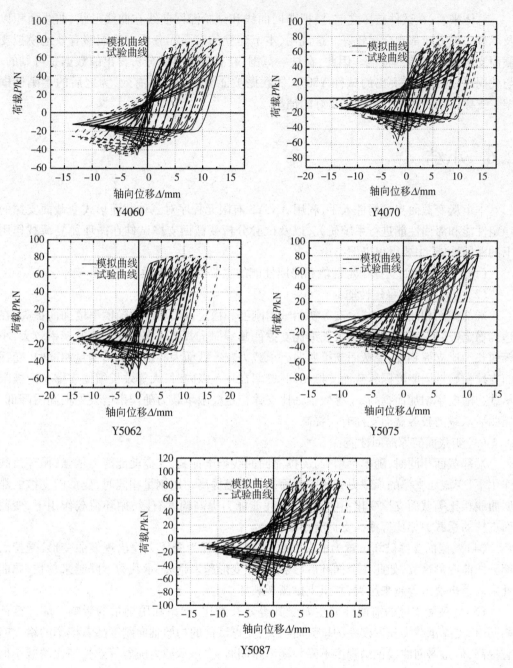

图 2 - 119　对比滞回曲线

　　如上图所示,试件 Y5062、Y5075 的试验承载力极值与模拟数据吻合得较好,其余试件的试验承载力极值高于有限元模拟承载力极值 15% 左右,由于试验受外界环境影响较严重,而有限元模拟也是一种近似的方法,15% 左右的误差可以用于试件滞回性能的分析。试件 Y4070、Y5087 的试验卸载刚度与模拟数据吻合得较好,其余试件试验数据与模拟数据有一定的差异,这主要是因为有限元分析中没有实现对材料中残余应力的模拟。

总体来看,在试件破坏之前,模拟滞回曲线和试验滞回曲线在曲线形状、曲线面积以及承载力等方面都吻合得较好。这说明,本节建立的有限元分析方法能够有效地模拟变截面支撑试件的滞回性能。因此,在这一范围内,有限元参数分析得出的数据是可靠的。与此同时,耗能能力突出的试件 Y5075 的数据被证明更加真实有效,为之后的半刚性框架 – 支撑体系的模拟分析做了良好的铺垫。

2.6　小结

本章从变截面支撑构件入手,利用 ANSYS 有限元程序对三种截面形式变截面支撑的稳定性能和滞回性能进行系统研究,以及试验分析变截面支撑试件在循环往复荷载作用下的滞回性能,主要得出以下结论:

(1)影响变截面支撑稳定性能和滞回性能的主要因素是等效长细比和楔率。

(2)变截面支撑稳定性能:

端部截面相同时,变截面支撑初始轴向刚度和稳定极限承载力随楔率增加而提高;在达到稳定极限承载力时,大等效长细比支撑使其端部全截面进入塑性所需的楔率较大,小等效长细比支撑相反;变截面支撑屈曲后承载力较等截面大幅提高。用钢量相同时,变截面支撑初始轴向刚度同等截面支撑相同;楔率在 0.5 以内时,大等效长细比支撑稳定极限承载力随楔率增加而提高,小等效长细比支撑稳定极限承载力随楔率增大先提高后降低;屈曲后承载力较等截面支撑有所提高。

(3)变截面支撑滞回性能:

端部截面相同时,随楔率增加,支撑滞回曲线趋于饱满,支撑耗能能力增强;循环荷载作用下,变截面支撑的承载力相比等截面支撑大幅提高。用钢量相同时,变截面支撑的滞回曲线相比等截面支撑变化不明显,支撑耗能能力提高幅度有限;循环荷载作用下,变截面支撑的承载力相比等截面支撑有小幅提高。

(4)变截面支撑破坏位置为前端1/4 处,破坏过程为受压失稳出现鼓曲变形,受拉后部分屈曲变形恢复,如此几个循环后,残余屈曲变形越来越大,承载力下降越来越快,屈曲处白暗色折痕范围越来越大,直至支撑撕裂破坏。

(5)变截面支撑的滞回性能主要受其等效长细比、楔率和用钢量的影响。端部截面相同时,支撑承载力随着楔率的增大而增大,支撑试件的初始轴向刚度随着楔率的增大略有提高,但是滞回曲线饱满程度下降。楔率相同时,支撑承载力随着等效长细比的减小而逐渐增大,支撑试件轴向初始刚度随着试件等效长细比的减小而略有提高,但是滞回曲线饱满程度下降。用钢量相同时,支撑承载力随着等效长细比的减小而逐渐增大,支撑试件轴向初始刚度随着截面尺寸的减小也即等效长细比的增大略有提升,但是滞回曲线饱满程度下降。

(6)试验数据表明圆形截面试件的滞回性能较方形截面试件好,圆形变截面支撑滞回曲线和有限元模拟滞回曲线吻合良好,其中 Y5075 试件性能最好。

(7)在地震波作用下,基于变截面支撑的半刚性钢框架结构与钢框架结构相比,能够更好地限制结构整体侧移和结构层间侧移,与此同时,结构整体抗侧移刚度更大,结构吸收了更多地震波的能量,该结构体系对加速度反应更强烈,基底剪力更大。

第 3 章　变截面组合梁

3.1　引言

　　本章主要对简支变截面组合梁进行研究。首先介绍变截面组合梁的特点,概述有关本课题的国内外研究现状;建立 ANSYS 有限元模型,利用 ANSYS 对变翼缘宽度组合梁进行静力分析和非线性分析,进而研究变截面组合梁的刚度及承载力等,根据有限元计算结果及理论推导结果,提出供设计人员参考的设计公式,为工程应用提供一定的理论依据;利用有限元软件 ANSYS 对变腹板高度组合梁进行分析,研究变腹板高度组合梁的刚度、承载力、应力分布、应变分布等,确定不同工况条件下截面形式和变截面楔率的选择,给出较优的变截面组合梁设计方法。

3.1.1　变截面组合梁的提出及特点

　　钢－混凝土组合梁是在钢梁上翼缘连接栓钉等抗剪连接件,然后在钢梁上浇筑混凝土板,通过抗剪连接件将钢梁和混凝土板联系起来,共同协调受力的一种结构构件。组合梁最大限度地利用了混凝土结构与钢结构的优点,充分利用两种材料的特性。钢材强度高,延性好,韧性、塑性好,受拉性能好,具有良好的加工性能,但受压时需要考虑整体稳定和局部稳定问题,且钢材的防火性能较差,耐腐蚀性较差,低温冷脆现象突出。混凝土抗压性能好,具有良好的防火能力,刚性好,但其抗拉强度低,且离散性较大。钢－混凝土组合梁,将钢与混凝土有机地结合在一起,充分发挥了钢与混凝土的协同作用,显著提高结构构件的刚度和承载力,已经广泛应用于工程实践当中。

　　组合梁常用于框架结构中,组合梁在荷载作用下,其梁端附近会受负弯矩作用。在负弯矩作用下,混凝土板开裂退出工作,造成组合梁承载力的降低以及截面刚度的突变。采用国内外规范对组合梁进行设计时,实际在操作上不是很准确。因此,国内设计人员进行设计时,大多时候会采用较保守的方法,忽略混凝土板的作用。这样设计会使钢梁的截面过大,造成不必要的浪费,更易造成"强梁弱柱"现象,对建筑结构抗震极其不利。本章提出简支组合梁,理论上简支梁不存在负弯矩,所以不存在支座处混凝土板退出工作的不利情况。

　　简支组合梁的弯矩沿梁跨度方向变化,通常情况下,设计人员按最大弯矩截面进行组合梁的设计。按最大弯矩设计的组合梁截面尺寸在弯矩较小处,材料强度未被充分利用,造成材料一定程度的浪费。为了节约钢材,减轻结构自重,提高结构的抗震性能,可将组合梁截面设计为随弯矩变化而变化,既本章提出的变截面组合梁。

3.1.2 变截面组合梁的形式

变截面组合梁的形式要考虑到组合梁的受力特点、建筑要求、经济要求等,组合梁截面的变化应尽量不使梁的构造过于复杂,尽量减少因构造问题引起制作费用的增加。综上所述,变截面组合梁可以通过采用变腹板高度、变翼缘宽度以及采用多层翼缘板等来实现。此外,考虑到材料加工工艺、经济性等因素,本章研究的变截面组合梁为变翼缘宽度及变腹板高度的组合梁,变截面形式如图3–1、图3–2所示。

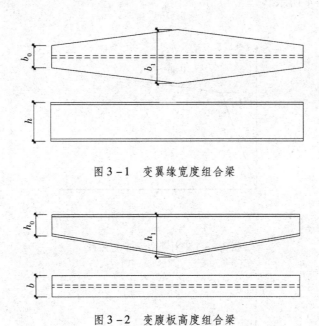

图 3 – 1 变翼缘宽度组合梁

图 3 – 2 变腹板高度组合梁

3.2 简支变翼缘宽度组合梁刚度及承载力研究

3.2.1 ANSYS 有限元模型的建立

本章采用 ANSYS 对变翼缘宽度组合梁进行静力分析和非线性受力分析,进而研究变翼缘宽度组合梁的刚度及承载力,并根据有限元计算结果及理论推导结果,提出供设计人员参考的设计公式,为工程应用提供一定的理论依据。

（1）有限元计算模型及计算参数

组合梁由钢材及混凝土两种材料组成,需要考虑钢材和混凝土两种材料性能存在较大的差别。此外考虑到材料的非线性问题、受力特点等,综合前人对钢结构及混凝土结构的有限元分析,采用平面单元不足以模拟其特性,三维单元能够更加真实有效地描述组合梁的性能。

钢梁及栓钉采用 Solid 45 单元模拟,钢材的屈服准则采用 Von - Mises 屈服准则,强化准则采用双线性随动强化模型 BKIN,为加强有限元模型计算的收敛性,钢材达到屈服强度 f_y 后,考虑材料 0.005 E_s 的应力强化。混凝土板采用 Solid 65 单元模拟,混凝土材料的破坏准则采用 William - Warnker 五参数模型,强化准则采用多线性等向强化模型 MISO。混凝土板采用弥散式配筋,采用 Solid 65 单元可以定义实常数,考虑混凝土板中的钢筋且钢筋的本构模型采用双线性随动强化模型 BKIN。钢材及混凝土材料的应力 - 应变曲线如图 3 - 3 和图 3 - 4 所示。

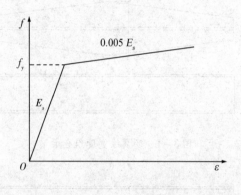

图 3 - 3　钢材应力 - 应变关系

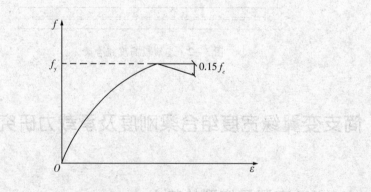

图 3 - 4　混凝土应力 - 应变关系

组合梁中的钢梁与混凝土板通常通过抗剪连接件联系在一起,这需要采用合理的模型对栓钉进行有限元模拟。在组合梁的有限元分析中,不考虑钢梁与混凝土翼板之间的滑移,不考虑滑移效应对组合梁性能的影响,采用完全抗剪连接。实际工程中的抗剪栓钉多为圆形截面,如果按实际截面形式建立模型,会影响到整体网格的划分,进而影响有限元计算。为了便于网格划分,易于计算收敛,在有限元模型中,将抗剪栓钉按照等截面、等强度原则进行等效。对于本书研究的简支梁,只存在正弯矩,且跨中弯矩最大,按《钢结构设计规范》(GB 50017—2003)相关规定,半跨栓钉个数应满足:

$$n \geqslant n_f = \frac{V_s}{N_v^c} = \frac{A_s f_y}{N_v^c} \qquad (3-1)$$

$$N_v^c = 0.43\sqrt{f_c E_c} \leqslant 0.7 A_s \gamma f \qquad (3-2)$$

式中:A_s 为栓钉截面面积;

　　　f_c 为混凝土的抗压强度设计值;

　　　E_c 为混凝土的弹性模量;

　　　f 为栓钉抗拉强度设计值;

　　　γ 为栓钉材料抗拉强度最小值与屈服强度之比。

本章研究的组合梁各部分均采用人为控制网格划分,通过比较有限元分析的结果,并考虑计算时间等因素,在满足所需精度的前提下,合理划分网格密度。所有的实体单元均为8节点的长方体单元或近似于长方体的六面体单元。有限元划分单元的形状过于畸形,会影响有限元计算结果的精确度,甚至导致结果包含严重的错误或有限元模型计算无法收敛。各单元均为长方体或近似于长方体的六面体单元,可以提高有限元的计算精度,以合理的单元数目获得满意的计算结果。合理地划分网格便于结构构件模型的分层,便于进行应力和应变分析及比较,此外,这样划分可以较好地模拟混凝土开裂现象,也更接近实际受力情况。

有限元模型的约束条件在很大程度上影响模型的计算结果,不同的约束条件往往会得到差别很大的结果,因此合理的施加约束条件非常重要。本书研究的组合梁为简支梁,为了实现组合梁的简支约束,避免在梁端产生弯矩,并根据所选实体单元的特点,在组合梁一端截面的下翼缘施加 x,y,z 三向约束,另一端截面的下翼缘施加 y,z 两向约束,不限制组合梁沿跨度方向的变形。此外,为了避免梁端约束产生的应力集中现象,在梁两端建立刚域,约束施加在刚域上,刚域的应力不予考虑。经计算验证,此种施加约束的方法比较合理。

变翼缘宽度组合梁有限元模型如图3-5所示。

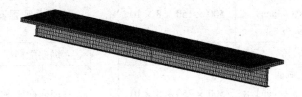

图3-5　变翼缘宽度组合梁有限元模型

在计算过程中,对于均布荷载作用,采用力加载模式进行全过程跟踪,即在钢梁上表面全部节点施加荷载以模拟均布荷载,通过增加力荷载子步数逐步加载;对于集中荷载作用,采用位移加载模式进行全过程跟踪,通过增加位移荷载子步数逐步加载。计算收敛条件采用力的二范数收敛准则,经有限元分析表明,混凝土计算的收敛性较差,为使计算易于收敛,采用放松收敛容差的方法,经分析,仍可以得到较高精度。计算直至不能收敛或变形过大,即认为构件完全破坏。在求解过程中,打开几何非线性和材料非线性选项,打开大变形时的应力刚化选项。计算中打开自动时间步长,并激活线性搜索,采用稀疏矩阵求解器来求解非线性方程组。

(2)组合梁试件的设计

对组合梁性能进行研究时,为了能够得到具有实际工程意义的结论,需要明确分离式结构体系的应用领域,并参考相关文献,对组合梁试件有限元模型进行设计。为了研究参数变化对变截面组合梁性能的影响,在进行 ANSYS 有限元分析时,需要选取一个或几个标准试件模型,这样便于进行对比分析。合理地选取标准试件,可以在很大程度上减少分析计算量。本章按照国内相关的施工惯例和规范标准,参考组合梁相关文献,选取较为合理的标准试件,标准试件的几何尺寸及材料属性如表3-1所示。

表3-1 变翼缘宽度组合梁"标准试件"特性参数

	钢材弹性模量		206 000 N/mm²	厚度	100 mm
	钢材屈服强度		345 N/mm²	宽度	1 500 mm
	钢材泊松比		0.3	混凝土弹性模量	30 000 N/mm²
钢梁	标准试件1	跨度	4 m	混凝土强度等级	C30
		最大截面 $(h/mm) \times (b/mm) \times (t_w/m) \times (t/mm)$	$300 \times 250 \times 6.5 \times 9$	混凝土抗拉强度	2.01 N/mm²
		最小截面 $(h/mm) \times (b/mm) \times (t_w/m) \times (t/mm)$	$300 \times 150 \times 6.5 \times 9$	混凝土抗压强度	20.1 N/mm²
	标准试件2	跨度	6 m	混凝土泊松比	0.2
		最大截面 $(h/mm) \times (b/mm) \times (t_w/m) \times (t/mm)$	$500 \times 250 \times 8 \times 10$	钢筋弹性模量	210 000 N/mm²
		最小截面 $(h/mm) \times (b/mm) \times (t_w/m) \times (t/mm)$	$500 \times 150 \times 8 \times 10$	钢筋屈服强度	235 N/mm²
	标准试件3	跨度	8 m	纵向配筋率	0.008
		最大截面 $(h/mm) \times (b/mm) \times (t_w/m) \times (t/mm)$	$500 \times 250 \times 8 \times 10$	横向配筋率	0.006
		最小截面 $(h/mm) \times (b/mm) \times (t_w/m) \times (t/mm)$	$500 \times 150 \times 8 \times 10$	—	—

注:混凝土板

3.2.2　描述组合梁性能的几个物理量

本章研究的变截面组合梁为简支组合梁,对组合梁的性能进行分析时,需要对组合梁的应力大小、应力分布、应力发展趋势、应变发展趋势、组合梁的刚度、跨中挠度、极限荷载等进行对比研究。为进行不同参数下组合梁的对比分析,得出定性及定量的分析结果,评估变截面组合梁的性能,首先需要确定统一的描述组合梁性能的物理量的取值方法。

(1)组合梁刚度的取值方法

组合梁中的混凝土板主要承受压力,受拉区混凝土开裂对组合梁刚度影响很小,由有限元分析结果可以得到,组合梁的弹性阶段有较为明显的线性特征,进入弹塑性阶段以后,组合梁的变形发展较快。因此本章将组合梁的刚度取为组合梁弹性阶段的初始刚度,即加载初期组合梁承受荷载与跨中挠度之间关系为线性时的刚度。本章根据 ANSYS 计算所得的组合梁的荷载－位移关系曲线,确定表达式如下:

$$K = F_0/v_0 \tag{3-3}$$

式中:

K——组合梁的刚度;

F_0——加载第一子步时的荷载大小;对于跨中集中荷载作用下,取为加载第一子步的集中荷载值(kN);对于均布荷载作用下,取为加载第一子步的均布荷载值(kN/m);

v_0——加载第一子步时组合梁跨中挠度。

(2)组合梁极限承载力的取值方法

组合梁的静力强度可以按不同准则来描述,常用的为按极限变形和极限承载力准则来描述。在有限元计算中,对于可以得到荷载－位移关系曲线中最大荷载值的模型,我们把该最大荷载值定义为极限承载力;对于无法得到荷载－位移关系曲线中最大荷载值的模型,我们将极限承载力定义为与变形相关的荷载值。选择合适的准则可以较好地描述构件的静力强度。

在本章所研究的有限元模型中,组合梁由钢材和混凝土两种材料组成,钢材与混凝土性能差别很大,材料的非线性问题、强度问题等差别也很大。因此,很难得到荷载－位移关系曲线的下降段,无法得到确切的峰值点。根据 ANSYS 有限元计算结果,并为便于比较结构的承载能力,根据以下特征确定极限承载力:

①组合梁跨中挠度为弹性阶段跨中挠度的 2 倍时所对应的荷载值;对于跨中集中荷载作用,取为集中荷载值(kN);对于均布荷载作用,取为均布荷载值(kN/m);

②若变形过大导致构件破坏,无法满足条件①时,取加载到最后一子步时所对应的荷载值。

3.2.3　有限元计算结果分析

本节分别建立了 4 m、6 m、8 m 跨度变翼缘宽度组合梁的标准试件,以均布荷载和集中荷载作用下的标准试件 3 为例,分析组合梁的有限元计算结果。图 3 - 6、图 3 - 7 给出了均布荷载和集中荷载作用下,在极限时刻标准试件 3 中钢梁的 Mises 应力云图以及混凝土板的纵向正应力云图。

根据 ANSYS 有限元计算结果可以看出:

(1)在加载初期,钢梁和混凝土板的应力较小,组合梁的整体工作性能良好,挠度随荷载呈线性关系增长,组合梁处于弹性工作阶段。随着荷载的增加,钢梁的下翼缘开始屈服,进入塑性区,而混凝土板并未压碎,此时的荷载 - 挠度曲线开始呈非线性关系。随着荷载的进一步增加,钢梁的塑性区不断向上部及两端发展,组合梁的挠度变形显著增加。在最终极限状态,组合梁的变形大幅度增加,荷载 - 挠度曲线呈水平发展趋势,钢梁有很大一部分进入塑性,部分区域已进入强化阶段,受压区混凝土因达到混凝土抗压强度极限而被破坏,最终导致组合梁破坏。组合梁的设计比较合理,属于典型的塑性破坏。

(2)图 3 - 6(a)、图 3 - 7(a)为钢梁在均布荷载作用下,加载最后时刻的 Von - Mises 应力云图。由 Von - Mises 应力云图可以看出,钢梁跨中附近的 Von - Mises 应力较大,支座处 Von - Mises 应力较小。简支变翼缘宽度组合梁设计中,构件受弯起控制作用,组合梁的极限承载力主要由截面受弯控制,支座截面的抗剪验算很容易满足。在加载的最后时刻,钢梁有很大一部分进入塑性,部分区域已进入强化阶段,与纯钢梁相比,没有出现局部失稳和整体失稳现象,承载力主要与材料强度和构件变形有关。与普通组合梁相比,变截面组合梁中钢梁的塑性区域较大,合理地选择变截面程度可以使塑性区长度达到跨度的 2/3 以上,充分利用了材料的强度,具有较好的经济性。此外,由于荷载形式或变截面程度的不同,钢梁中的最大应力并不一定出现在跨中截面,为了避免其他截面过早破坏,需要选取一个合理的变截面程度的范围。

.171E+08   .980E+08   .179E+09   .260E+09   .341E+09
    .576E+08   .138E+09   .219E+09   .300E+09   .381E+09

(a)均布荷载作用下变翼缘宽度组合梁钢梁 Von - Mises 应力云图

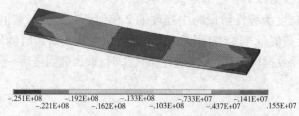

-.251E+08   -.192E+08   -.133E+08   -.733E+07   -.141E+07
    -.221E+08   -.162E+08   -.103E+08   -.437E+07   .155E+07

(b)均布荷载作用下变翼缘宽度组合梁混凝土板纵向正应力云图

图 3 - 6 均布荷载作用下变翼缘宽度组合梁应力云图

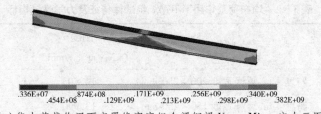

.336E+07　　　.874E+08　　　.171E+09　　　.256E+09　　　.340E+09
　　.454E+08　　　.129E+09　　　.213E+09　　　.298E+09　　　.382E+09

(a)集中荷载作用下变翼缘宽度组合梁钢梁 Von－Mises 应力云图

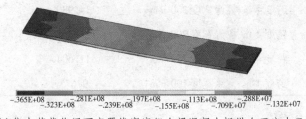

－.365E+08　　　－.281E+08　　　－.197E+08　　　－.113E+08　　　－.288E+07
　　－.323E+08　　　－.239E+08　　　－.155E+08　　　－.709E+07　　　－.132E+07

(b)集中荷载作用下变翼缘宽度组合梁混凝土板纵向正应力云图
图 3－7　集中荷载作用下变翼缘宽度组合梁应力云图

(3)由混凝土板的纵向正应力云图 3－6(b)、3－7(b)可以看出,对于简支组合梁,整个跨度范围内受正弯矩作用,混凝土板主要受压,充分利用了混凝土的抗压强度,节约钢材。在加载的最后时刻,跨中截面附近混凝土板达到其抗压强度极限而压碎,导致组合梁被破坏。跨中截面受力较大,其正应力沿板宽度方向分布更加均匀;支座截面受力较小,其正应力沿板宽度方向差别较大,钢梁附近的混凝土板正应力较大。

(4)比较图 3－6 和图 3－7 可以看出,相对于均布荷载的作用,变翼缘宽度组合梁中的钢梁在集中荷载作用下的塑性区较小。这是因为在集中荷载作用下,简支梁的弯矩沿跨度方向呈线性变化,相比于均布荷载作用下的二次曲线变化,弯矩值在跨中附近变化较大。此外,在均布荷载作用下,混凝土板的 Von－Mises 压应力分布更加均匀。可见,在均布荷载作用下,钢材及混凝土材料的强度能得到更加充分的利用。

3.2.4　不同荷载形式下变翼缘宽度组合梁的刚度及承载力分析

对于不同形式荷载的作用下,变翼缘宽度组合梁的刚度、承载力、应力分布、应变分布等会呈现出不同的规律。因此,本节考虑满跨均布荷载和跨中集中荷载两种情况,我们对组合梁的刚度和承载力进行分析研究。

(1)均布荷载作用下变翼缘宽度组合梁的刚度及承载力分析

在标准试件基础上,保持组合梁其他参数不变的情况下,仅改变组合梁的翼缘宽度的变化程度。试件包括变翼缘宽度组合梁及用于比较分析的等截面组合梁,为不失一般性,分为 4 m、6 m、8 m 三组。组合梁在均布荷载作用下,其有限元计算结果如表 3－2、表 3－3、表 3－4 所示。

表 3-2 均布荷载作用下 BYY1 组试件特征及力学性能指标

试件编号	特征	刚度/ (kN·m^{-1}·mm^{-1})	极限承载力/ (kN·m^{-1})
BYY1-1	跨度 4 m、翼缘宽度 200~250 mm	14.503	197.988
BYY1-2	跨度 4 m、翼缘宽度 150~250 mm	13.990	192.366
BYY1-3	跨度 4 m、翼缘宽度 100~250 mm	13.424	186.831
BYY1-4	跨度 4 m、翼缘宽度 250 mm	14.980	200.846
BYY1-5	跨度 4 m、翼缘宽度 200 mm	13.363	175.051
BYY1-6	跨度 4 m、翼缘宽度 150 mm	11.604	150.841
BYY1-7	跨度 4 m、翼缘宽度 100 mm	9.675	123.468

表 3-3 均布荷载作用下 BYY2 组试件特征及力学性能指标

试件编号	特征	刚度/ (kN·m^{-1}·mm^{-1})	极限承载力/ (kN·m^{-1})
BYY2-1	跨度 6 m、翼缘宽度 200~250 mm	9.676	188.452
BYY2-2	跨度 6 m、翼缘宽度 150~250 mm	9.375	184.575
BYY2-3	跨度 6 m、翼缘宽度 100~250 mm	9.049	181.370
BYY2-4	跨度 6 m、翼缘宽度 250 mm	9.959	189.457
BYY2-5	跨度 6 m、翼缘宽度 200 mm	8.979	169.273
BYY2-6	跨度 6 m、翼缘宽度 150 mm	7.935	149.361
BYY2-7	跨度 6 m、翼缘宽度 100 mm	6.821	128.955

表 3-4 均布荷载作用下 BYY3 组试件特征及力学性能指标

试件编号	特征	刚度/ (kN·m^{-1}·mm^{-1})	极限承载力/ (kN·m^{-1})
BYY3-1	跨度 8 m、翼缘宽度 200~250 mm	3.252	104.825
BYY3-2	跨度 8 m、翼缘宽度 150~250 mm	3.146	104.359
BYY3-3	跨度 8 m、翼缘宽度 100~250 mm	3.033	101.098
BYY3-4	跨度 8 m、翼缘宽度 250 mm	3.351	106.005
BYY3-5	跨度 8 m、翼缘宽度 200 mm	3.004	94.825
BYY3-6	跨度 8 m、翼缘宽度 150 mm	2.639	83.428
BYY3-7	跨度 8 m、翼缘宽度 100 mm	2.255	71.241

　　由有限元计算结果及表 3 - 2、表 3 - 3、表 3 - 4 可以看出,在保持组合梁跨中最大截面翼缘宽度不变的情况下,随着组合梁最小截面翼缘宽度的减小,组合梁中钢梁的塑性区逐渐增大,组合梁的刚度和极限承载力均有所降低,但降低程度较小。对于变翼缘宽度组合梁,相比于与其最大截面相同的等截面组合梁,其刚度和极限承载力略有降低;相比于与其最小截面相同的等截面组合梁,其刚度和极限承载力有着显著的提高。

　　通过 ANSYS 有限元计算得到组合梁的荷载 - 挠度关系曲线,以及组合梁的刚度和极限承载力。对这些计算结果进行比较分析,可以得到以下结论:

　　①由图 3 - 8、图 3 - 9 和图 3 - 10 可以看出,在保持组合梁跨中最大截面翼缘宽度不变的情况下,随着组合梁最小截面翼缘宽度的减小,组合梁的刚度和极限承载力均有所降低。对于不同跨度的组合梁,最小截面翼缘宽度平均每降低 50 mm,组合梁的刚度仅降低 3.11% ~ 4.05%,极限承载力仅降低 0.44% ~ 3.12%,而用钢量可以降低 6.00% ~ 8.28%。组合梁的极限承载力和刚度降低很小,却可以较显著地节省钢材,降低结构造价,减轻结构自重,有利于结构抗震。

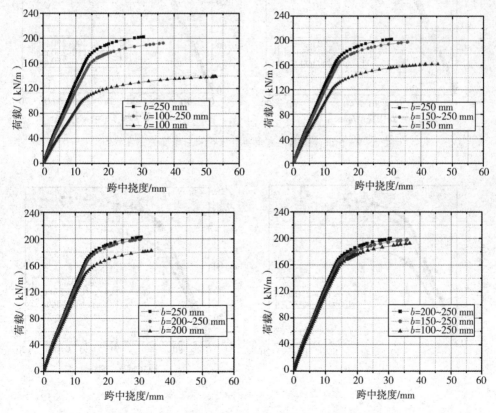

图 3 - 8　4 m 跨变翼缘宽度组合梁荷载 - 挠度关系曲线

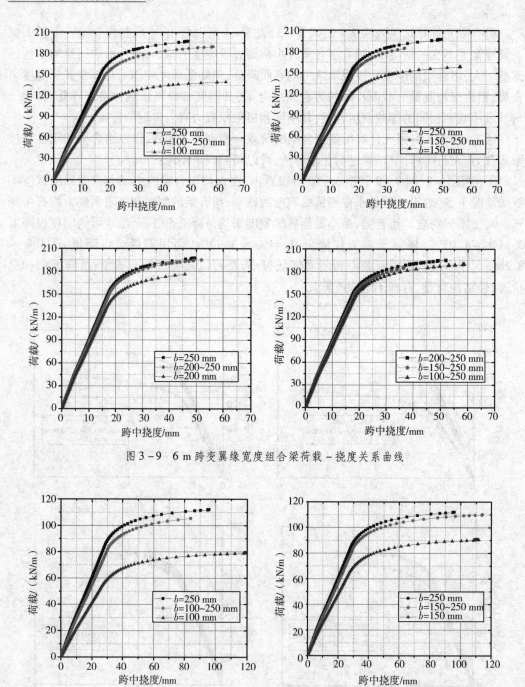

图 3-9 6 m 跨变翼缘宽度组合梁荷载 - 挠度关系曲线

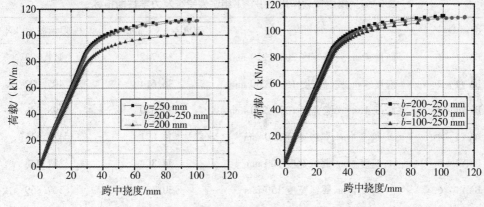

图 3 - 10 8 m 跨变翼缘宽度组合梁荷载 - 挠度关系曲线

②由图 3 - 8、图 3 - 9 和图 3 - 10 可以得到,对于变翼缘宽度组合梁,相比于与其最小截面相同的等截面组合梁,其刚度和极限承载力显著增加,刚度提高了 6.83% ~38.75%,极限承载力提高了 11.33% ~51.32%,提高的幅度随变截面程度的增加而增大。当组合梁较小截面翼缘宽度继续增大到与较大截面相同,成为普通的等截面组合梁时,其刚度和极限承载力变化不大,刚度仅提高了 2.92% ~11.59%,极限承载力仅提高了 0.53% ~7.50%,提高的幅度随变截面程度的增加而增大。

③本章所研究是变截面组合梁,为了节约钢材,减轻结构自重,从而提高结构的抗震性能。为此,我们可以考察相同用钢量下,变截面组合梁在刚度和极限承载力方面的优势。由试件尺寸容易计算得到,试件 BYY1 - 2 和 BYY1 - 5 用钢量相同,试件 BYY2 - 2 和 BYY2 - 5 用钢量相同,试件 BYY3 - 2 和 BYY3 - 5 用钢量相同。其中 BYY1 - 2、BYY2 - 2 和 BYY3 - 2 为本书所研究的变翼缘宽度组合梁,BYY1 - 5、BYY2 - 5 和 BYY3 - 5 为普通的等截面组合梁。这三组试件中,变截面组合梁与相同用钢量的等截面组合梁相比,刚度有了一定的提高,分别提高了 4.69%、4.41% 和 3.35%,极限承载力有了显著的提高,分别提高了 9.89%、9.04% 和 10.05%。此外,相同用钢量下的变翼缘宽度组合梁中钢梁的塑性区较大,Von - Mises 应力分布较均匀,钢材性能得到了较充分的利用。

④组合梁中的钢梁和混凝土板一般会参照施工惯例进行设计,对于工程中常用的截面尺寸,变截面组合梁应力分布存在一定的规律。均布荷载作用下,对于梁翼缘宽度变化程度不同的组合梁,钢梁的最大应力一般都会出现在跨中截面或跨中截面附近,塑性区也首先在跨中截面或跨中截面附近形成,并向钢梁上部及两侧发展,直至构件破坏。因此,在对变翼缘宽度组合梁的设计过程中,在翼缘宽度可以保证梁柱连接的构造要求的基础上,为节省材料,可以尽量减小端部最小截面的翼缘宽度。

(2)集中荷载作用下变翼缘宽度组合梁的刚度及承载力分析

在上一小节所选试件基础上,试件不变,仅改变荷载作用形式,在组合梁跨中施加集中荷载,研究变翼缘宽度组合梁在跨中集中荷载作用下的刚度及承载力,其有限元计算结果如表 3 - 5、表 3 - 6、表 3 - 7 所示。

表 3 – 5　集中荷载作用下 BYY1 组试件特征及力学性能指标

试件编号	特征	刚度/(kN·mm⁻¹)	极限承载力/kN
BYY1 – 1	跨度 4 m、翼缘宽度 200~250 mm	37.742	411.223
BYY1 – 2	跨度 4 m、翼缘宽度 150~250 mm	36.614	405.092
BYY1 – 3	跨度 4 m、翼缘宽度 100~250 mm	35.300	398.388
BYY1 – 4	跨度 4 m、翼缘宽度 250 mm	38.821	426.515
BYY1 – 5	跨度 4 m、翼缘宽度 200 mm	34.804	357.418
BYY1 – 6	跨度 4 m、翼缘宽度 150 mm	30.372	309.869
BYY1 – 7	跨度 4 m、翼缘宽度 100 mm	25.434	260.417

表 3 – 6　集中荷载作用下 BYY2 组试件特征及力学性能指标

试件编号	特征	刚度/(kN·mm⁻¹)	极限承载力/kN
BYY2 – 1	跨度 6 m、翼缘宽度 200~250 mm	35.542	561.305
BYY2 – 2	跨度 6 m、翼缘宽度 150~250 mm	34.583	559.858
BYY2 – 3	跨度 6 m、翼缘宽度 100~250 mm	33.529	556.594
BYY2 – 4	跨度 6 m、翼缘宽度 250 mm	36.424	563.986
BYY2 – 5	跨度 6 m、翼缘宽度 200 mm	32.916	508.720
BYY2 – 6	跨度 6 m、翼缘宽度 150 mm	29.163	456.593
BYY2 – 7	跨度 6 m、翼缘宽度 100 mm	25.133	393.872

表 3 – 7　集中荷载作用下 BYY3 组试件特征及力学性能指标

试件编号	特征	刚度/(kN·mm⁻¹)	极限承载力/kN
BYY3 – 1	跨度 8 m、翼缘宽度 200~250 mm	16.169	436.015
BYY3 – 2	跨度 8 m、翼缘宽度 150~250 mm	15.729	435.418
BYY3 – 3	跨度 8 m、翼缘宽度 100~250 mm	15.242	433.593
BYY3 – 4	·跨度 8 m、翼缘宽度 250 mm	16.607	438.121
BYY3 – 5	跨度 8 m、翼缘宽度 200 mm	14.912	390.722
BYY3 – 6	跨度 8 m、翼缘宽度 150 mm	13.120	347.208
BYY3 – 7	跨度 8 m、翼缘宽度 100 mm	11.232	303.783

　　通过组合梁 Von – Mises 应力云图可知,相对于均布荷载作用,变翼缘宽度组合梁在

集中荷载作用下的塑性区较小。

通过对 ANSYS 有限元计算结果进行比较分析,可以得到以下结论:

①由图 3 – 11 至图 3 – 13 及有限元计算结果可以看出,在保持组合梁跨中最大截面翼缘宽度不变情况下,随着组合梁最小截面翼缘宽度的减小,组合梁中钢梁的塑性区逐渐增大,组合梁的刚度和极限承载力均有所降低。对于不同跨度的组合梁,最小截面翼缘宽度平均每降低 50 mm,组合梁的刚度仅降低 2.70% ~ 3.59%,极限承载力仅降低 0.26% ~ 1.65%,而用钢量可以降低 6.00% ~ 8.28%。极限承载力和刚度降低很小,却可以较显著地节省钢材。

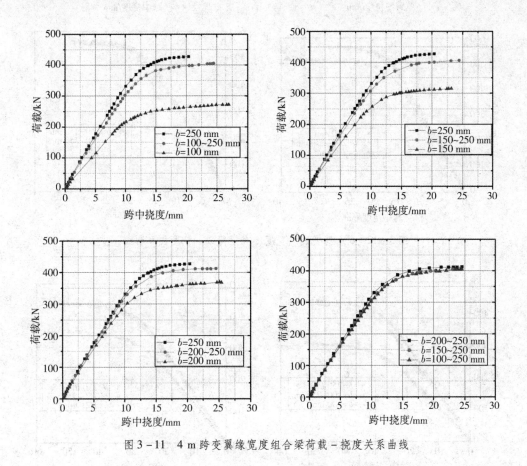

图 3 – 11　4 m 跨变翼缘宽度组合梁荷载 – 挠度关系曲线

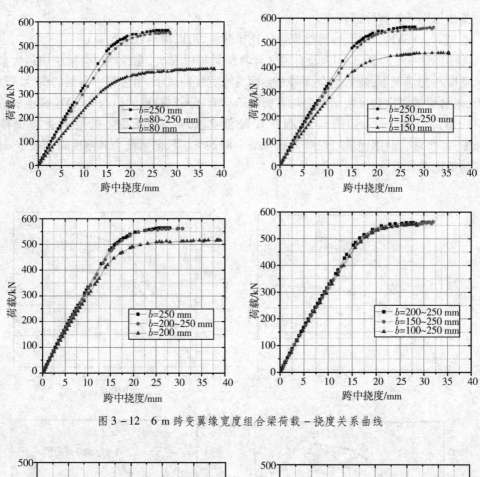

图 3-12 6 m 跨变翼缘宽度组合梁荷载－挠度关系曲线

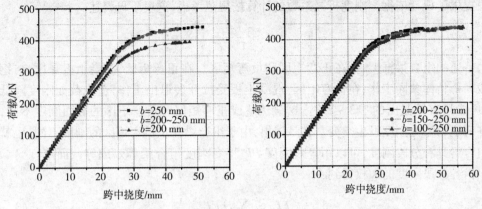

图3-13 8m跨变翼缘宽度组合梁荷载-挠度关系曲线

②对于集中荷载作用下的变翼缘宽度组合梁,相比于与其最小截面相同的等截面组合梁,其刚度和极限承载力显著增加,刚度提高了7.98% ~38.79%,极限承载力提高了10.34% ~52.98%,提高的幅度随变截面程度的增加而增大。当组合梁较小截面翼缘宽度继续增大到与较大截面相同,成为普通的等截面组合梁时,其刚度和极限承载力变化不大,刚度仅提高了2.48% ~9.97%,极限承载力仅提高了0.48% ~7.06%,提高的幅度随变截面程度的增加而增大。

③用钢量相同的这三组试件中,变截面组合梁与相同用钢量的等截面组合梁相比,刚度有了一定的提高,分别提高了5.20%、5.06%和5.48%,极限承载力有了显著的提高,分别提高了13.34%、11.44%和10.05%。此外,相同用钢量下的变翼缘宽度组合梁中钢梁的塑性区较大,Von-Mises应力分布较均匀,钢材性能得到了较充分的利用。

3.2.5 变翼缘宽度组合梁刚度及极限承载力的简化计算

前面已经分析了变翼缘宽度组合梁的刚度和极限承载力,在此基础上提出合理的简化计算方法,确定较优的变截面组合梁设计方法,为变截面组合梁乃至分离式结构体系在我国的应用与推广提供了一定的理论依据。

国内外对组合梁刚度及极限承载力的研究已较为成熟,已广泛应用到工程设计中。变截面组合梁是在等截面组合梁的基础上,仅考虑改变钢梁截面使其变为变截面梁。因此,接下来仅研究钢梁截面改变对组合梁刚度及极限承载力的影响。

(1)变截面组合梁刚度的简化计算

国内外学者对组合梁刚度及变形已经进行了大量的研究工作,并提出了几种不同的组合梁刚度的计算方法。我国现行的《钢结构设计规范》(GB 50017—2003,以简称规范)采用的是折减刚度法,引入了折减刚度的概念。这种方法考虑了由钢梁与混凝土板之间接触面的滑移,而产生的组合梁挠度的增大。组合梁的挠度按结构力学的方法计算即可,而考虑滑移效应的折减刚度 B 可由式(3-4)得到。式中 ζ 为刚度折减系数,规范通过引入刚度折减系数,间接考虑了滑移效应对组合梁短期刚度和长期刚度的影响,为工程设计人员提供了设计依据。刚度折减系数的计算按规范考虑,这里不再赘述。

$$B = \frac{EI_{eq}}{1 + \zeta} \tag{3-4}$$

普通的组合梁框架,存在正弯矩区和负弯矩区。在正弯矩区,混凝土板受压,与钢梁形成一个整体共同工作;在负弯矩区,混凝土板受拉开裂退出工作,造成截面刚度降低很大,可能只有原截面的 $1/3 \sim 2/3$。这显然造成正弯矩区和负弯矩区的截面刚度不同,并且在弯矩为零处刚度发生突变。文献提出,由于组合梁在正负弯矩区的刚度不同,也就是说组合梁具有分段刚度,可以用等效刚度 EI_e 将变刚度组合梁等效成等截面刚度梁。EI_e 可以由各分段刚度的加权得到:

$$EI_e = \sum_{i=1}^{3} \alpha_i EI_i \tag{3-5}$$

式中:

α_i ——第 i 段组合梁的刚度权重;

E ——组合梁的弹性模量;

I_i ——第 i 段组合梁的截面惯性矩。

每段组合梁的刚度权重可以通过能量法得到,根据应变能相等原理,可以得到如下的等式,解此方程即可得到各段组合梁的刚度权重,并可推导出反弯点的位置。

$$\frac{1}{2}\int_0^{l_1} EI_1 \left(y''\right)^2 dx + \frac{1}{2}\int_{l_1}^{l_1+l_2} EI_2 \left(y''\right)^2 dx + \frac{1}{2}\int_{l_1+l_2}^{l} EI_3 \left(y''\right)^2 dx = \frac{1}{2}\int_0^{l} EI_e \left(y''\right)^2 dx$$

$$\tag{3-6}$$

对于本章所研究的变截面组合梁,由于分离式结构体系采用梁柱铰接,组合梁并不存在负弯矩区,因此也不存在组合梁刚度突变的现象。但由于组合梁钢梁截面沿跨度方向是变化的,截面的刚度也随之变化,因此计算变截面组合梁的承载力和变形时,不能简单地套用规范给出的组合梁承载力和刚度计算公式。由上文有限元分析结果可知,变截面组合梁的刚度与等截面组合梁之间存在一定的关系。

可以仿效文献的方法,采用等效刚度将变截面组合梁等效为等截面组合梁,将变截面组合梁的设计问题简化为等截面组合梁的设计问题。为此,本章定义的等效刚度为:

$$B_e = \alpha B_1 + (1 - \alpha) B_2 \tag{3-7}$$

式中:

B_1 ——与变截面组合梁最小截面相同的等截面组合梁的刚度;

B_2 ——与变截面组合梁最大截面相同的等截面组合梁的刚度;

α ——与变截面组合梁最小截面相同的等截面组合梁的刚度的权重。

公式中的 B_1、B_2 可按现行的《钢结构设计规范》(GB 50017—2003)规定进行计算得到,因此只需要对权重 α 的取值做进一步的研究。

α 的取值会根据变截面形式的不同、荷载作用形式的不同、变截面程度的不同等,呈现出不同的规律。根据有限元计算结果可得 α,表 3 – 8 和表 3 – 9 给出了均布荷载和集中荷载作用下的 α 值。

表 3 – 8　均布荷载作用下变翼缘宽度组合梁刚度的权重

试件编号	特征	刚度 B_e /(kN·m^{-1}·mm^{-1})	刚度 B_1 /(kN·m^{-1}·mm^{-1})	刚度 B_2 /(kN·m^{-1}·mm^{-1})	权重 α
BYY1 – 1	跨度 4 m、翼缘宽度 200 ~ 250 mm	14.503	13.363	14.980	0.295
BYY1 – 2	跨度 4 m、翼缘宽度 150 ~ 250 mm	13.990	11.604	14.980	0.293
BYY1 – 3	跨度 4 m、翼缘宽度 100 ~ 250 mm	13.424	9.675	14.980	0.293
BYY2 – 1	跨度 6 m、翼缘宽度 200 ~ 250 mm	9.676	8.979	9.959	0.289
BYY2 – 2	跨度 6 m、翼缘宽度 150 ~ 250 mm	9.375	7.935	9.959	0.289
BYY2 – 3	跨度 6 m、翼缘宽度 100 ~ 250 mm	9.049	6.821	9.959	0.290
BYY3 – 1	跨度 8 m、翼缘宽度 200 ~ 250 mm	3.252	3.004	3.351	0.285
BYY3 – 2	跨度 8 m、翼缘宽度 150 ~ 250 mm	3.146	2.639	3.351	0.288
BYY3 – 3	跨度 8 m、翼缘宽度 100 ~ 250 mm	3.033	2.255	3.351	0.290

表 3 – 9　集中荷载作用下变翼缘宽度组合梁刚度的权重

试件编号	特征	刚度 B_e /(kN·m^{-1})	刚度 B_1 /(kN·m^{-1})	刚度 B_2 /(kN·m^{-1})	权重 α
BYY1 – 1	跨度 4 m、翼缘宽度 200 ~ 250 mm	37.742	34.804	38.821	0.269
BYY1 – 2	跨度 4 m、翼缘宽度 150 ~ 250 mm	36.614	30.372	38.821	0.261
BYY1 – 3	跨度 4 m、翼缘宽度 100 ~ 250 mm	35.300	25.434	38.821	0.263
BYY2 – 1	跨度 6 m、翼缘宽度 200 ~ 250 mm	35.542	32.916	36.424	0.251
BYY2 – 2	跨度 6 m、翼缘宽度 150 ~ 250 mm	34.583	29.163	36.424	0.254
BYY2 – 3	跨度 6 m、翼缘宽度 100 ~ 250 mm	33.529	25.133	36.424	0.256
BYY3 – 1	跨度 8 m、翼缘宽度 200 ~ 250 mm	16.169	14.912	16.607	0.258
BYY3 – 2	跨度 8 m、翼缘宽度 150 ~ 250 mm	15.729	13.120	16.607	0.252
BYY3 – 3	跨度 8 m、翼缘宽度 100 ~ 250 mm	15.242	11.232	16.607	0.254

从以上结果可以得到,对于变翼缘宽度组合梁,权重 α 的取值具有一定的规律性。对于不同跨度、不同截面、不同变截面程度的组合梁,在均布荷载作用下,权重 α 的取值为 0.285 ~ 0.295;在跨中集中荷载作用下,权重 α 的取值为 0.251 ~ 0.269。可见变翼缘宽度组合梁的权重 α 受变截面程度、跨度、截面特性等影响很小,仅与荷载作用形式有关,且均

布荷载作用和集中荷载作用的 α 值差别并不大。因此,从设计实用角度出发,并保证组合梁具有足够的可靠度,在进行变翼缘宽度组合梁设计时,建议较保守地按 $\alpha = 0.3$ 取值,从而简化结构计算。

(2)变截面组合梁承载力的简化计算

对组合梁承载力的研究由来已久,主要有两种计算理论:弹性理论和塑性理论。弹性设计方法没有考虑塑性变形带来的承载力的提高,按简化弹性理论计算的极限承载力很低,计算结果过于保守,不符合组合梁的实际工作情况,通常情况下不采用弹性理论设计方法,这一点对比本章的有限元分析结果也可以看出。我国现行的《钢结构设计规范》(GB 50017—2003)采用简化塑性理论的方法进行设计,并分为完全抗剪连接组合梁和部分抗剪连接组合梁两种情况。

上文提到,本章组合梁试件为完全抗剪连接组合梁,对于本章用于比较的等截面组合梁,按规范给出的方法计算其承载力,将有限元计算结果和按规范的塑性理论计算结果进行比较,表3-10、表3-11 给出了各承载力的数值。

从表3-10、表3-11 可以看出,本章有限元计算结果比按规范规定的简化塑性理论方法计算的极限承载力大,此外,本章为了便于比较计算结果,定义的有限元模型的极限承载力取值方法也偏保守,并没有取荷载-挠度曲线中的最大值。

本章研究变翼缘宽度组合梁,上文提到,不同形式的荷载作用下,对于不同的梁翼缘宽度变化程度,钢梁的最大 Von-Mises 应力一般都会出现在跨中截面或跨中截面附近,塑性区也首先在跨中截面或跨中截面附近形成,并向钢梁上部及两侧发展。

表3-10 均布荷载作用下组合梁极限承载力计算结果对比

试件编号	特征	有限元结果/$(kN \cdot m^{-1})$	规范塑性理论结果/$(kN \cdot m^{-1})$
BYY1-4	跨度4 m、翼缘宽度250 mm	200.846	193.645
BYY1-5	跨度4 m、翼缘宽度200 mm	175.051	171.416
BYY1-6	跨度4 m、翼缘宽度150 mm	150.841	147.434
BYY1-7	跨度4 m、翼缘宽度100 mm	123.468	121.699
BYY2-4	跨度6 m、翼缘宽度250 mm	189.457	174.242
BYY2-5	跨度6 m、翼缘宽度200 mm	169.273	158.434
BYY2-6	跨度6 m、翼缘宽度150 mm	149.361	141.630
BYY2-7	跨度6 m、翼缘宽度100 mm	128.955	123.831
BYY3-4	跨度8 m、翼缘宽度250 mm	106.005	98.011
BYY3-5	跨度8 m、翼缘宽度200 mm	94.825	89.119
BYY3-6	跨度8 m、翼缘宽度150 mm	83.428	79.667
BYY3-7	跨度8 m、翼缘宽度100 mm	71.241	69.655

表 3 - 11　集中荷载作用下组合极限梁承载力计算结果对比

试件编号	特征	有限元结果/kN	规范塑性理论结果/kN
BYY1 - 4	跨度 4 m、翼缘宽度 250 mm	426.515	394.068
BYY1 - 5	跨度 4 m、翼缘宽度 200 mm	357.418	348.831
BYY1 - 6	跨度 4 m、翼缘宽度 150 mm	309.869	300.027
BYY1 - 7	跨度 4 m、翼缘宽度 100 mm	260.417	247.657
BYY2 - 4	跨度 6 m、翼缘宽度 250 mm	563.986	522.724
BYY2 - 5	跨度 6 m、翼缘宽度 200 mm	508.720	475.301
BYY2 - 6	跨度 6 m、翼缘宽度 150 mm	456.593	424.891
BYY2 - 7	跨度 6 m、翼缘宽度 100 mm	393.872	371.494
BYY3 - 4	跨度 8 m、翼缘宽度 250 mm	438.121	392.043
BYY3 - 5	跨度 8 m、翼缘宽度 200 mm	390.722	356.476
BYY3 - 6	跨度 8 m、翼缘宽度 150 mm	347.208	318.668
BYY3 - 7	跨度 8 m、翼缘宽度 100 mm	303.783	278.620

由 Von - Mises 应力云图可以看出,简支变翼缘宽度组合梁设计中,构件受弯起控制作用,组合梁的极限承载力主要由截面受弯控制,支座截面的抗剪验算很容易满足。我国现行的《钢结构设计规范》(GB 50017—2003)规定,对于受正弯矩的组合梁,可以不考虑剪力与弯矩的相互影响。对于变翼缘宽度组合梁,相比于与其最大截面相同的等截面组合梁,均布荷载作用下,其极限承载力仅降低 0.53% ~6.98%;极限集中荷载作用下,其极限承载力仅降低 0.48% ~6.59%。极限承载力的降低很小。因此可以进行简化计算,在对变翼缘宽度组合梁进行设计时,变截面组合梁的极限承载力可以简单地将等截面组合梁的抗弯承载力进行折减,折减系数较保守地取为 0.9。

$$F'_u = 0.9F_u \qquad (3-8)$$

式中:

F'_u——变翼缘宽度组合梁的极限承载力; F'_u 取公式计算值和与变截面组合梁最小截面相同的等截面组合梁的极限承载力中的较大值;

F_u——与变截面组合梁最大截面相同的等截面组合梁的极限承载力。

3.3　简支变腹板高度组合梁刚度及承载力研究

变截面组合梁可以通过多种方式实现,有时为了节省钢材,增加使用空间,便于管线的布置,常采用变腹板高度的方法。将组合梁中钢梁的上翼缘保持水平,将下翼缘倾斜,实现组合梁的变截面。本节主要进行变腹板高度组合梁的刚度及承载力研究。

3.3.1　有限元模型的建立及标准试件的设计

(1)有限元模型的建立

本节仍然采用 ANSYS 软件,研究变腹板高度组合梁。除截面变化形式与变翼缘宽度组合梁不同,导致实体建模和网格划分略有不同外,其余有限元计算参数选取均相同。变腹板高度组合梁的有限元模型如图 3 – 14 所示。

图 3 – 14　变腹板高度组合梁有限元模型

(2)标准试件的设计

本节研究的变腹板高度组合梁,除钢梁截面尺寸与变翼缘宽度组合梁不同外,其余参数均相同,标准试件的几何尺寸及材料特征如表 3 – 12 所示。

为便于分析,引入变腹板高度组合梁的楔率 γ ,本节定义 γ 为

$$\gamma = \frac{h_1 - h_0}{h_1} = 1 - \frac{h_0}{h_1} \tag{3-9}$$

式中:

γ——变腹板高度组合梁的楔率;

h_1——变腹板高度组合梁最大截面的高度;

h_0——变腹板高度组合梁最小截面的高度。

表 3 - 12 变腹板高度组合梁的特性参数

钢梁	钢材弹性模量	206 000 N/mm²	厚度	100 mm
	钢材屈服强度	345 N/mm²	宽度	1 500 mm
	钢材泊松比	0.3	混凝土弹性模量	30 000 N/mm²
	标准试件1	跨度	4 m	混凝土强度等级	C30
		最大截面 $(h/\text{mm}) \times (b/\text{mm}) \times (t_w/\text{mm}) \times (t/\text{mm})$	$300 \times 200 \times 6.5 \times 9$	混凝土抗拉强度	2.01 N/mm²
		最小截面 $(h/\text{mm}) \times (b/\text{mm}) \times (t_w/\text{mm}) \times (t/\text{mm})$	$150 \times 200 \times 6.5 \times 9$	混凝土抗压强度	20.1 N/mm²
	标准试件2	跨度	6 m	混凝土泊松比	0.2
		最大截面 $(h/\text{mm}) \times (b/\text{mm}) \times (t_w/\text{mm}) \times (t/\text{mm})$	$500 \times 250 \times 8 \times 10$	钢筋弹性模量	210 000 N/mm²
		最小截面 $(h/\text{mm}) \times (b/\text{mm}) \times (t_w/\text{mm}) \times (t/\text{mm})$	$300 \times 150 \times 8 \times 10$	钢筋屈服强度	235 N/mm²
	标准试件3	跨度	8 m	纵向配筋率	0.008
		最大截面 $(h/\text{mm}) \times (b/\text{mm}) \times (t_w/\text{mm}) \times (t/\text{mm})$	$500 \times 250 \times 8 \times 10$	横向配筋率	0.006
		最小截面 $(h/\text{mm}) \times (b/\text{mm}) \times (t_w/\text{mm}) \times (t/\text{mm})$	$300 \times 150 \times 8 \times 10$	—	—

（注：右侧"厚度""宽度""混凝土弹性模量"等参数属于"混凝土板"栏）

3.3.2 不同荷载形式下变腹板高度组合梁的刚度及承载力分析

对于本节研究的变腹板高度组合梁,仍然考虑满跨均布荷载和跨中集中荷载两种荷载工况。

（1）均布荷载作用下变腹板高度组合梁的刚度及承载力分析

在标准试件基础上,保持组合梁其他参数不变的情况下,仅改变变腹板高度组合梁的楔率 γ ,其有限元计算结果如表 3 - 13 至表 3 - 15 所示。

表 3 – 13   均布荷载作用下 BFB1 组试件特征及力学性能指标

试件编号	特征	刚度/($kN \cdot m^{-1} \cdot mm^{-1}$)	极限承载力/($kN \cdot m^{-1}$)
BFB1 – 1	跨度 4 m、腹板高度 250 ~ 300 mm	11.280	151.156
BFB1 – 2	跨度 4 m、腹板高度 200 ~ 300 mm	10.286	145.358
BFB1 – 3	跨度 4 m、腹板高度 150 ~ 300 mm	9.241	138.727
BFB1 – 4	跨度 4 m、腹板高度 100 ~ 300 mm	7.874	124.077
BFB1 – 5	跨度 4 m、腹板高度 300 mm	12.201	154.752
BFB1 – 6	跨度 4 m、腹板高度 250 mm	9.095	129.434
BFB1 – 7	跨度 4 m、腹板高度 200 mm	6.536	105.083
BFB1 – 8	跨度 4 m、腹板高度 150 mm	4.515	87.022
BFB1 – 9	跨度 4 m、腹板高度 100 mm	3.009	71.609

表 3 – 14   均布荷载作用下 BFB2 组试件特征及力学性能指标

试件编号	特征	刚度/($kN \cdot m^{-1} \cdot mm^{-1}$)	极限承载力/($kN \cdot m^{-1}$)
BFB2 – 1	跨度 6 m、腹板高度 400 ~ 500 mm	8.011	165.201
BFB2 – 2	跨度 6 m、腹板高度 300 ~ 500 mm	6.962	155.808
BFB2 – 3	跨度 6 m、腹板高度 200 ~ 500 mm	5.850	140.065
BFB2 – 4	跨度 6 m、腹板高度 100 ~ 500 mm	4.669	117.163
BFB2 – 5	跨度 6 m、腹板高度 500 mm	8.979	169.273
BFB2 – 6	跨度 6 m、腹板高度 400 mm	5.871	129.441
BFB2 – 7	跨度 6 m、腹板高度 300 mm	3.495	94.022
BFB2 – 8	跨度 6 m、腹板高度 200 mm	1.818	65.225
BFB2 – 9	跨度 6 m、腹板高度 100 mm	0.789	43.161

表 3 – 15   均布荷载作用下 BFB3 组试件特征及力学性能指标

试件编号	特征	刚度/($kN \cdot m^{-1} \cdot mm^{-1}$)	极限承载力/($kN \cdot m^{-1}$)
BFB3 – 1	跨度 8 m、腹板高度 400 ~ 500 mm	2.668	92.178
BFB3 – 2	跨度 8 m、腹板高度 300 ~ 500 mm	2.314	87.424
BFB3 – 3	跨度 8 m、腹板高度 200 ~ 500 mm	1.943	80.970
BFB3 – 4	跨度 8 m、腹板高度 100 ~ 500 mm	1.554	69.493
BFB3 – 5	跨度 8 m、腹板高度 500 mm	3.004	95.865
BFB3 – 6	跨度 8 m、腹板高度 400 mm	1.944	72.942
BFB3 – 7	跨度 8 m、腹板高度 300 mm	1.145	52.907
BFB3 – 8	跨度 8 m、腹板高度 200 mm	0.590	36.871
BFB3 – 9	跨度 8 m、腹板高度 100 mm	0.254	24.324

通过 ANSYS 有限元计算得到组合梁的荷载 – 挠度关系曲线,以及组合梁刚度和极限承载力。对这些计算结果进行比较分析,可以得到以下结论:

①由图 3 – 15、图 3 – 16 和图 3 – 17 可以得到,对于变腹板高度组合梁,相比于与其最小截面相同的等截面组合梁,其刚度和极限承载力显著增加,刚度提高了 24.02% ~ 511.81%,极限承载力提高了 16.78% ~ 185.70%,提高的幅度随变截面楔率的增加而增大。当组合梁较小截面腹板高度继续增大到与较大截面相同,成为普通的等截面组合梁时,其刚度和极限承载力提高的幅度变小,刚度提高了 8.16% ~ 93.31%,极限承载力提高了 2.32% ~ 44.48%,提高的幅度随变截面楔率的增加而增大。

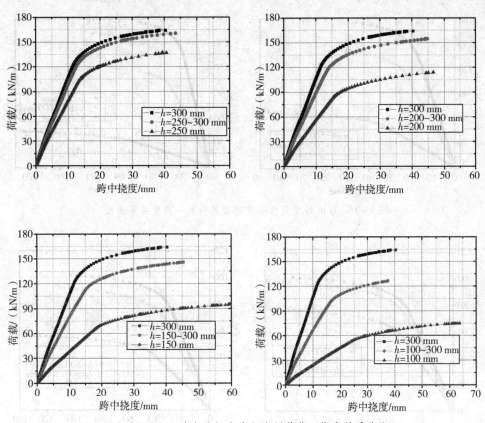

图 3 – 15　4 m 跨变腹板高度组合梁荷载 – 挠度关系曲线

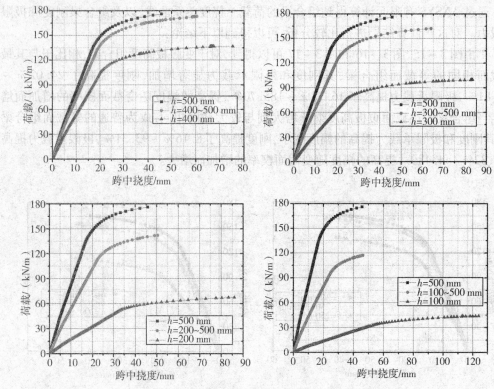

图 3-16 6 m 跨变腹板高度组合梁荷载-挠度关系曲线

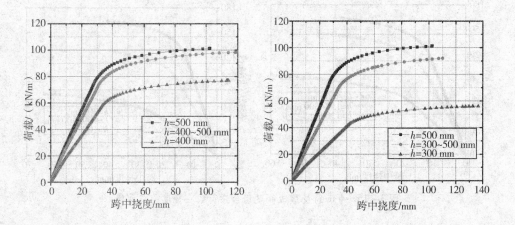

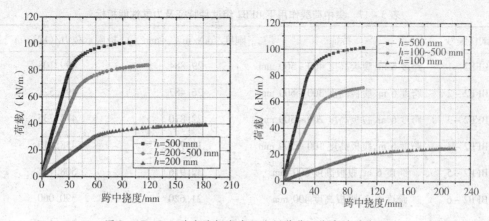

图 3 - 17 8 m 跨变腹板高度组合梁荷载 - 挠度关系曲线

②考察相同用钢量下,变截面组合梁在刚度和极限承载力方面的优势。由试件尺寸容易计算得到,试件 BFB1 - 2 和 BFB1 - 6 用钢量相同,试件 BFB1 - 4 和 BFB1 - 7 用钢量相同,试件 BFB2 - 2 和 BFB2 - 6 用钢量相同,试件 BFB2 - 4 和 BFB2 - 7 用钢量相同,试件 BFB3 - 2 和 BFB3 - 6 用钢量相同,试件 BFB3 - 4 和 BFB3 - 7 用钢量相同。这六组试件中,变截面组合梁与相同用钢量的等截面组合梁相比,刚度有了显著的提高,提高了13.10% ~35.72%,极限承载力也有了显著的提高,提高了12.30% ~31.35%。

(2)集中荷载作用下变腹板高度组合梁的刚度及承载力分析

在上一小节所选试件基础上,试件不变,仅改变荷载作用形式,研究变腹板高度组合梁在跨中集中荷载作用下的刚度及承载力,其有限元计算结果如表 3 - 16 至表 3 - 18 所示。

表 3 - 16 集中荷载作用下 BFB1 组试件特征及力学性能指标

试件编号	特征	刚度/(kN·mm^{-1})	极限承载力/kN
BFB1 - 1	跨度 4 m、腹板高度 250 ~300 mm	28.319	312.950
BFB1 - 2	跨度 4 m、腹板高度 200 ~300 mm	26.227	308.629
BFB1 - 3	跨度 4 m、腹板高度 150 ~300 mm	23.929	306.785
BFB1 - 4	跨度 4 m、腹板高度 100 ~300 mm	21.463	299.003
BFB1 - 5	跨度 4 m、腹板高度 300 mm	30.352	315.593
BFB1 - 6	跨度 4 m、腹板高度 250 mm	22.666	262.962
BFB1 - 7	跨度 4 m、腹板高度 200 mm	16.362	217.780
BFB1 - 8	跨度 4 m、腹板高度 150 mm	11.333	178.211
BFB1 - 9	跨度 4 m、腹板高度 100 mm	7.595	148.125

表 3 – 17　集中荷载作用下 BFB2 组试件特征及力学性能指标

试件编号	特征	刚度/(kN/m^{-1}·mm^{-1})	极限承载力/(kN·m^{-1})
BFB2 – 1	跨度 6 m、腹板高度 400~500 mm	29.884	499.108
BFB2 – 2	跨度 6 m、腹板高度 300~500 mm	26.487	494.521
BFB2 – 3	跨度 6 m、腹板高度 200~500 mm	22.810	472.735
BFB2 – 4	跨度 6 m、腹板高度 100~500 mm	18.789	458.215
BFB2 – 5	跨度 6 m、腹板高度 500 mm	32.916	508.721
BFB2 – 6	跨度 6 m、腹板高度 400 mm	21.620	390.060
BFB2 – 7	跨度 6 m、腹板高度 300 mm	12.912	276.267
BFB2 – 8	跨度 6 m、腹板高度 200 mm	6.747	181.988
BFB2 – 9	跨度 6 m、腹板高度 100 mm	2.943	131.092

表 3 – 18　集中荷载作用下 BFB3 组试件特征及力学性能指标

试件编号	特征	刚度/(kN·m^{-1}·mm^{-1})	极限承载力/(kN·m^{-1})
BFB3 – 1	跨度 8 m、腹板高度 400~500 mm	13.458	388.586
BFB3 – 2	跨度 8 m、腹板高度 300~500 mm	11.900	386.647
BFB3 – 3	跨度 8 m、腹板高度 200~500 mm	10.230	367.567
BFB3 – 4	跨度 8 m、腹板高度 100~500 mm	8.425	364.761
BFB3 – 5	跨度 8 m、腹板高度 500 mm	14.912	391.749
BFB3 – 6	跨度 8 m、腹板高度 400 mm	9.682	300.341
BFB3 – 7	跨度 8 m、腹板高度 300 mm	5.719	214.941
BFB3 – 8	跨度 8 m、腹板高度 200 mm	2.955	154.435
BFB3 – 9	跨度 8 m、腹板高度 100 mm	1.274	99.552

通过 ANSYS 有限元计算得到组合梁的荷载 – 挠度关系曲线,以及组合梁刚度和极限承载力。对这些计算结果进行比较分析,可以得到以下结论:

①由图 3 – 18、图 3 – 19 和图 3 – 20 可以得到,对于变腹板高度组合梁,相比于与其最小截面相同的等截面组合梁,其刚度和极限承载力显著增加,刚度提高了 24.94%~561.30%,极限承载力提高了 19.01%~266.40%,提高的幅度随变截面楔率的增加而增大。当组合梁较小截面腹板高度继续增大到与较大截面相同,成为普通的等截面组合梁时,其刚度和极限承载力提高的幅度变小,刚度提高了 7.18%~77.00%,极限承载力提高了 0.81%~11.02%,提高的幅度随变截面楔率的增加而增大。

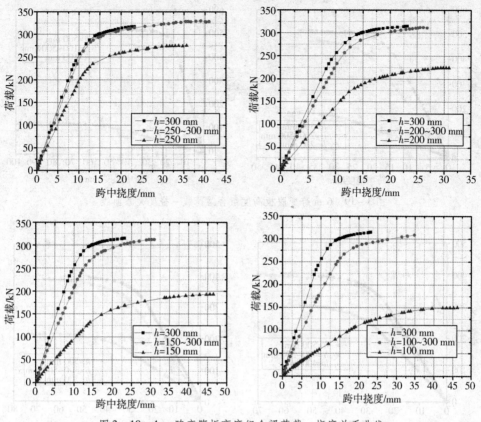

图 3-18　4 m 跨变腹板高度组合梁荷载-挠度关系曲线

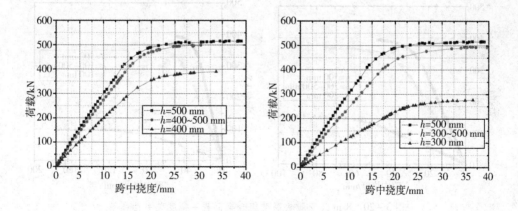

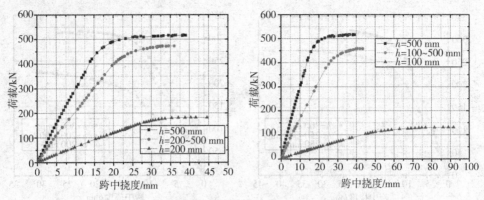

图 3 - 19 6 m 跨变腹板高度组合梁荷载 - 挠度关系曲线

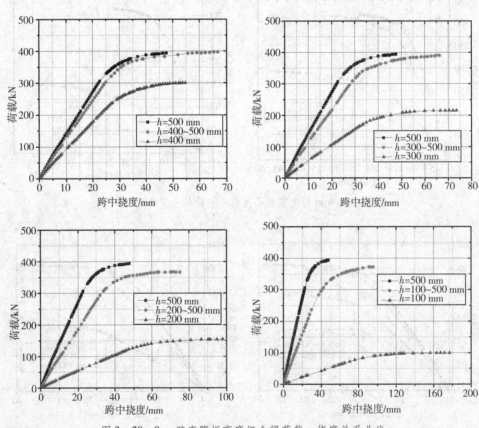

图 3 - 20 8 m 跨变腹板高度组合梁荷载 - 挠度关系曲线

②用钢量相同的这六组试件中,变截面组合梁与相同用钢量的等截面组合梁相比,刚度有了一定的提高,提高了 15.71% ~ 47.32%,极限承载力有了显著的提高,提高了 17.37% ~69.70%。

3.3.3　变腹板高度组合梁等效刚度及等效极限承载力的简化计算

(1)变腹板高度组合梁楔率的选取

本章第二节已经提到,对于变翼缘宽度组合梁,为节省材料,可以尽量减小端部最小截面的翼缘宽度。本节的变腹板高度组合梁,钢梁中的最大应力并不一定出现在跨中截面或跨中截面附近,为了避免其他截面过早破坏,充分利用材料的性能,需要选取一个合理的变截面楔率范围。各组变腹板高度组合梁试件中,极限时刻钢梁的 Von – Mises 应力云图如图 3 –21 和图 3 –22 所示。

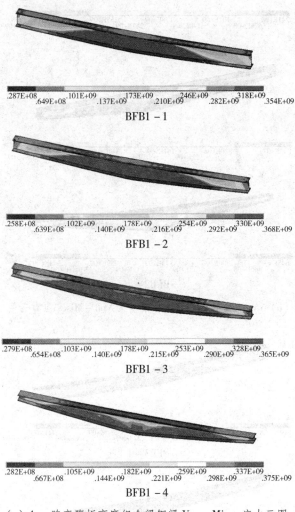

BFB1 – 1

BFB1 – 2

BFB1 – 3

BFB1 – 4

(a) 4 m 跨变腹板高度组合梁钢梁 Von – Mises 应力云图

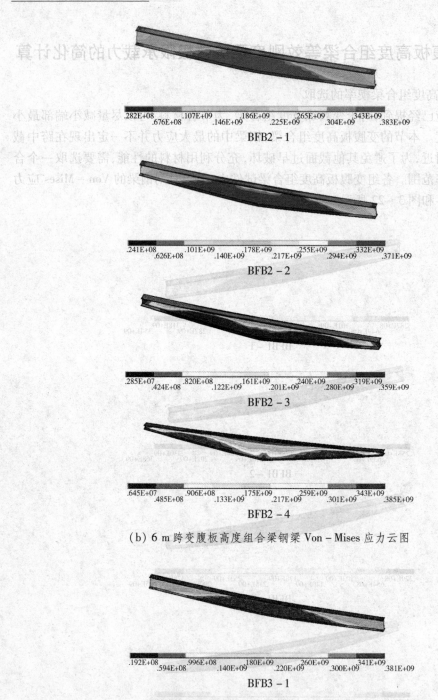

BFB2 - 1

BFB2 - 2

BFB2 - 3

BFB2 - 4

(b) 6 m 跨变腹板高度组合梁钢梁 Von – Mises 应力云图

BFB3 - 1

BFB3 - 2

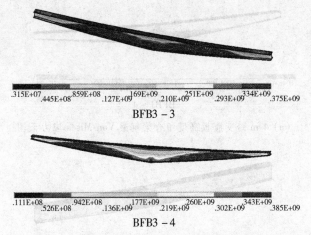

（c）8 m 跨变腹板高度组合梁钢梁 Von – Mises 应力云图

图 3 – 21　均布荷载作用下变腹板高度组合梁钢梁 Von – Mises 应力云图

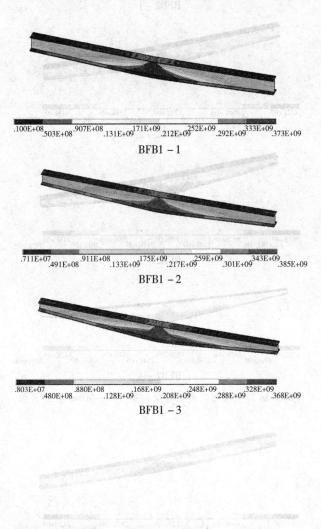

.104E+08　　.909E+08　　.172E+09　　.252E+09　　.333E+09
　　.507E+08　　.131E+09　　.212E+09　　.292E+09　　.373E+09

BFB1 - 4

（a）4 m 跨变腹板高度组合梁钢梁 Von-Mises 应力云图

.312E+07　　.880E+08　　.173E+09　　.258E+09　　.343E+09
　　.456E+08　　.130E+09　　.215E+09　　.300E+09　　.385E+09

BFB2 - 1

.422E+07　　.888E+08　　.173E+09　　.258E+09　　.343E+09
　　.465E+08　　.131E+09　　.216E+09　　.300E+09　　.385E+09

BFB2 - 2

.787E+07　　.917E+08　　.175E+09　　.259E+09　　.343E+09
　　.498E+08　　.134E+09　　.217E+09　　.301E+09　　.385E+09

BFB2 - 3

.125E+07　　.865E+08　　.172E+09　　.257E+09　　.342E+09
　　.439E+08　　.129E+09　　.214E+09　　.300E+09　　.385E+09

BFB2 - 4

（b）6 m 跨变腹板高度组合梁钢梁 Von - Mises 应力云图

.167E+07　.443E+08 .869E+08 .129E+09 .172E+09 .215E+09 .257E+09 .300E+09 .342E+09 .385E+09

BFB3 - 1

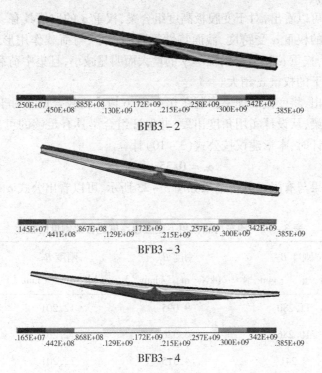

BFB3 - 2

BFB3 - 3

BFB3 - 4

（c）8 m 跨变腹板高度组合梁钢梁 Von - Mises 应力云图

图 3 - 22　集中荷载作用下变腹板高度组合梁钢梁 Von - Mises 应力云图

由图 3 - 21 和图 3 - 22，并对有限元计算结果进行分析比较，可以看出：

①本节定义的变腹板高度组合梁的变截面楔率与跨度无关，由各应力云图可以看出，对于相同楔率的 6 m 跨试件与 8 m 跨试件，应力大小及分布形式也很接近，可见楔率的定义是合理的，这样定义楔率便于工程设计。

②对于不同跨度的变腹板高度组合梁，钢梁的塑性区域随着变截面楔率的增加而增大。均布荷载作用下，塑性区长度可以达到跨度的 2/3 以上，集中荷载作用下，塑性区长度可以达到跨度的 1/2 以上。

③在集中荷载作用下，不同楔率的试件中的钢梁的最大应力一般出现在跨中截面，中间截面以及端部截面的应力较小。在均布荷载作用下，随着楔率的增加，试件中钢梁的最大应力开始出现在中间截面及端部截面，组合梁中间截面的抗弯以及支座截面的抗剪对承载力起控制作用，导致其他截面的破坏先于跨中截面，给设计带来很大不利。

④本章较保守地考虑均布荷载作用下的应力分布，由应力云图可以看出，楔率在 0.4 ~ 0.6 以内时，试件中钢梁的最大应力出现在跨中截面或跨中截面附近。因此，在对变腹板高度组合梁进行设计时，将变截面楔率控制在 0.4 ~ 0.6 以内比较合理。

（2）变截面组合梁刚度的简化计算

本节研究变腹板高度组合梁刚度的简化计算，依然采用上一节等效刚度的形式。其中，权重 α 的取值与变翼缘宽度组合梁不同，表 3 - 19 和表 3 - 20 给出了均布荷载和集中

荷载作用下的 α 值。

从以上结果可以看出,对于变腹板高度组合梁,权重 α 的取值具有一定的规律性。变腹板高度组合梁的权重 α 受跨度、截面特性等影响很小,与荷载作用形式、变截面楔率 γ 有关。可以看出,权重 α 随组合梁楔率 γ 的增大而明显减小,且集中荷载作用下的权重 α 比均布荷载作用下的权重 α 稍大。

上一小节指出,将变截面楔率控制在 0.4~0.6 以内比较合理。对于这一楔率范围的变腹板高度组合梁,从设计实用角度出发,并保证组合梁具有足够的可靠度,在进行变腹板高度组合梁设计时,本章建议按公式(3-10)计算。

$$\alpha = 0.35\gamma + 0.25 \tag{3-10}$$

公式计算结果与有限元分析结果如图 3-23 所示,可以看出公式 α 取值偏于保守。

表 3-19　均布荷载作用下变腹板高度组合梁刚度的权重

试件编号	刚度 B_e /(kN·m^{-1}·mm^{-1})	刚度 B_1 /(kN·m^{-1}·mm^{-1})	刚度 B_2 /(kN·m^{-1}·mm^{-1})	楔率 γ	权重 α
BFB1-1	11.280	9.095	12.201	0.167	0.297
BFB1-2	10.286	6.536	12.201	0.333	0.338
BFB1-3	9.241	4.515	12.201	0.500	0.385
BFB1-4	7.874	3.009	12.201	0.667	0.471
BFB2-1	8.011	5.871	8.979	0.200	0.311
BFB2-2	6.962	3.495	8.979	0.400	0.368
BFB2-3	5.850	1.818	8.979	0.600	0.437
BFB2-4	4.669	0.789	8.979	0.800	0.526
BFB3-1	2.668	1.944	3.004	0.200	0.317
BFB3-2	2.314	1.145	3.004	0.400	0.371
BFB3-3	1.943	0.590	3.004	0.600	0.440
BFB3-4	1.554	0.254	3.004	0.800	0.527

表 3 - 20　集中荷载作用下变腹板高度组合梁刚度的权重

试件编号	刚度 B_e /(kN·m^{-1}·mm^{-1})	刚度 B_1 /(kN·m^{-1}·mm^{-1})	刚度 B_2 /(kN·m^{-1}·mm^{-1})	楔率 γ	权重 α
BFB1 - 1	28.319	22.666	30.352	0.167	0.265
BFB1 - 2	26.227	16.362	30.352	0.333	0.295
BFB1 - 3	23.929	11.333	30.352	0.500	0.338
BFB1 - 4	21.463	7.595	30.352	0.667	0.390
BFB2 - 1	29.884	21.620	32.916	0.200	0.268
BFB2 - 2	26.487	12.912	32.916	0.400	0.321
BFB2 - 3	22.810	6.747	32.916	0.600	0.386
BFB2 - 4	18.789	2.943	32.916	0.800	0.471
BFB3 - 1	13.458	9.682	14.912	0.200	0.278
BFB3 - 2	11.900	5.719	14.912	0.400	0.328
BFB3 - 3	10.230	2.955	14.912	0.600	0.392
BFB3 - 4	8.425	1.274	14.912	0.800	0.476

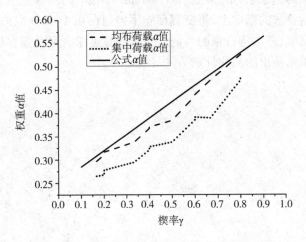

图 3 - 23　变腹板高度组合梁权重 α 值

（3）变截面组合梁承载力的简化计算

本节研究变腹板高度组合梁,上文提到,不同形式的荷载作用下,对于不同的变截面楔率,钢梁的最大 Von - Mises 应力会出现在不同部位,楔率过大时一般不会出现在跨中截面或跨中截面附近,当控制楔率在 0.4 ~ 0.6 以内时,塑性区一般分布较均匀,塑性区长度可以达到跨度的 2/3 以上。

由 Von - Mises 应力云图可以看出,对于楔率在 0.6 以内的变腹板高度组合梁,构件受弯依然起控制作用,组合梁的极限承载力主要由截面受弯控制,支座截面的抗剪验算很容易满足。相比于与其最大截面相同的等截面组合梁,均布荷载作用下,其极限承载力降低2.32% ~19.80% ;集中荷载作用下,其极限承载力仅降低0.81% ~9.93% ,承载力的降低不大。因此可以进行简化计算,在对变腹板高度组合梁进行设计时,变截面组合梁的承载力可以简单地将等截面组合梁的抗弯承载力进行折减,折减系数较保守地取为0.8。

$$F'_u = 0.8F_u \qquad\qquad (3-11)$$

式中:

F'_u——变翼缘宽度组合梁的极限承载力;F'_u取公式计算值和与变截面组合梁最小截面相同的等截面组合梁的极限承载力中的较大值;

F_u——与变截面组合梁最大截面相同的等截面组合梁的极限承载力。

3.4 小结

本章利用 ANSYS 对变截面组合梁进行研究,本章得出以下主要结论:与普通组合梁相比,变截面组合梁中钢梁的塑性区域较大,合理地选择变截面程度可以使塑性区长度达到跨度的 2/3 以上,充分利用了材料的强度,具有较好的经济性。变截面组合梁与相同用钢量的等截面组合梁相比,刚度和极限承载力均有了显著的提高。对于变翼缘宽度组合梁,在保证构造要求的基础上,可以尽量减小端部最小截面的翼缘宽度。对于变腹板高度组合梁,在保证构造要求的基础上,将变截面楔率控制在 0.4~0.6 以内比较合理,以达到受力合理、节省钢材、减轻结构自重的目的。变翼缘宽度组合梁及变腹板高度组合梁的刚度和承载力,可按本章给出的简化计算方法计算。

第4章　分离式结构体系的振动台试验研究

4.1　引言

　　本章通过振动台试验研究分析了分离式结构体系,研究采用试验与有限元分析相结合的方法。试验部分设计并加工了六层两跨以钢框架作为主体的结构,即利用梁、柱、支撑相互铰接实现了水平荷载与竖向荷载通过不同的受力体系来承担的分离式结构体系;接着利用 ANSYS 有限元程序建立足尺寸的分离式结构体系的有限元模型,并对其进行时程分析与静力弹塑性 Pushover 分析,预测结构在给定地震作用下的反应,并通过与刚接钢框架进行对比,综合评价分离式结构体系的抗震性能。

4.2　振动台试验设计与准备

4.2.1　试验简介

　　本次设计并加工了一个六层两跨的分离式钢框架结构,对其进行振动台试验研究。该振动台建于 1987 年,为单向水平振动台,台面尺寸为 3 m×4 m,频率范围为 0～25 Hz,最大模型重量可承载 12 t,最大位移为水平位移 ±125 mm,最大速度为 ±760 mm/s,最大加速度为 ±1.5 g,最大倾覆力矩为 200 kN·m。地震模拟振动台如图 4-1 所示。

图 4 - 1　地震模拟振动台俯视图

　　由于振动台控制加载方式为位移加载,所以在试验过程中需将加速度时程转换为位移时程,通过改变地震记录的形式以及地震记录的最大振幅来观察比较分离式结构体系的地震响应。试验模型为六层钢结构,层高 0.8 m,尺寸相似比为 1∶4,根据相似比原则,试验模型其他参数相似比见表 4 - 1。

表 4 - 1　试验相似比

	物理量	相似比		物理量	相似比
材性	弹性模量 E	1∶1	动力特性	质量 m	1∶16
	应力	1∶1		刚度 K	1∶4
	应变	1∶1		时间、周期 t	1∶2
几何尺寸	长度 L	1∶4		频率 f	2∶1
	位移 X	1∶4		加速度 a	1∶1
	角度	1∶1			
荷载	集中力 F	1∶16	备注	对时间 t 进行了 1/2 缩尺	
	线位移 q	1∶4			
	弯矩 M	1∶64			

4.2.2　试验模型设计及制作

　　试验模型设计方案及实物如图 4 - 2 所示。试验加载方向为两跨铰接钢框架支撑结构,梁、柱和支撑的节点均采用铰接,跨度 1 m;另一方向为一跨半刚接钢框架支撑结构,跨度 1 m。考虑到试验安全性与实验室的安全条例,每层布置 6 个钢筋混凝土配重块,配重块每个重 1 kN,约 3 kN/m²。

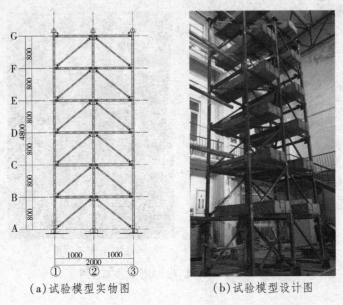

（a）试验模型实物图   （b）试验模型设计图

图4-2 试验模型立面图

  试验模型钢材均采用 Q235 钢,框架柱采用箱型截面,截面尺寸为 50 mm×2 mm,为避免节点区域受力复杂且加工易存在缺陷,本试验对柱脚和梁、柱、支撑节点处柱子厚度局部加厚为 4 mm,节点区域内柱中增设"十"字加劲肋,更有利于支撑和梁端传递剪力;梁采用焊接 H 型钢梁,截面尺寸为 50 mm×40 mm×2 mm×2 mm;支撑采用 30 mm×30 mm×0.6 mm 方钢管,梁、柱、支撑节点采用耳板连接形成铰接,中间跨梁、柱、支撑铰接节点见图4-3。

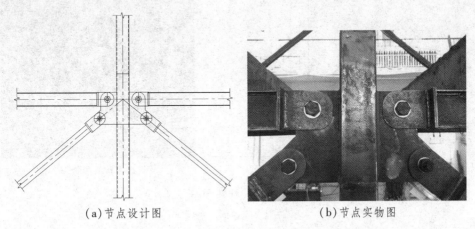

（a）节点设计图   （b）节点实物图

图4-3 中间跨梁、柱、支撑铰接节点图

边跨梁、柱、支撑铰接节点见图4-4。

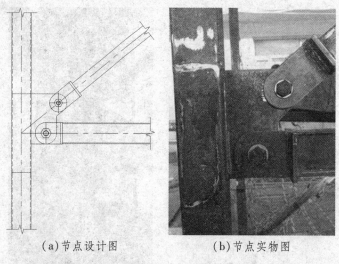

(a)节点设计图   (b)节点实物图

图4-4 边跨梁、柱、支撑铰接节点图

　　根据振动台螺栓孔的尺寸及分布设计了柱脚底板,为了避免在试验过程中试验模型对加载设备产生较大的倾覆弯矩,将试验模型布置在振动台几何中心的位置,柱脚采用焊接方式将模型固定于6块钢板之上,每块钢板再通过4个高强螺栓固定在振动台上,柱脚均焊有加劲肋,如图4-5所示。试验模型与振动台视为刚接。

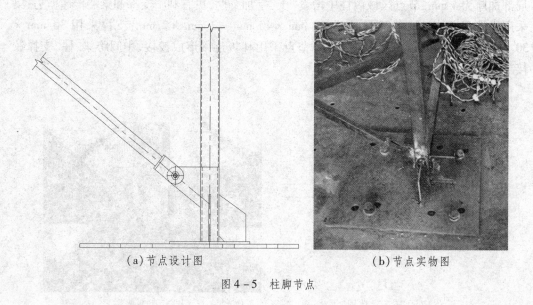

(a)节点设计图   (b)节点实物图

图4-5 柱脚节点

4.2.3 材性试验

　　材性试验在哈尔滨工业大学材料学院万能材料试验机上进行,试验用拉伸试件取自结构的H型钢梁、柱子、支撑等部位,依据相关规范,每个位置各取3个试件,其中梁、柱、支撑等构件均为 Q235 钢制作,试件尺寸依据《钢及钢产品力学性能试验取样位置及试样制备》(GB/T 2975—1998)。材性试验的试验方法为单向拉伸,试验机及拉伸试验如图 4-6所示,拉伸前后的试件如图 4-7 所示。本次试验测定了钢材的屈服强度、抗拉强度、强屈比、弹性模量、伸长率。材性试验结果见表 4-2。

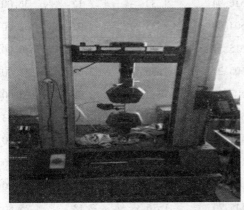

(a)万能材料试验机　　　　　　　　　(b)材性试验进行中

图 4-6　材性试验

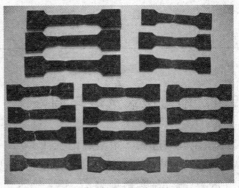

拉伸前　　　　　　　　　　　　　拉伸后

图 4-7　材性试验试件拉伸前后对比图

表 4-2　材性试验结果

取样位置	试件编号	屈服强度/MPa	抗拉强度/MPa	屈强比	弹性模量/MPa	伸长率
钢管柱脚	ZJ-01	374.24	501.48	1.34	2.05	28.00
	ZJ-02	357.67	493.58	1.38	2.03	32.00
	ZJ-03	388.68	516.94	1.33	2.12	36.00
	平均值	373.53	504.00	1.35	2.07	32.00
钢管柱	Z-01	367.56	515.51	1.40	2.03	30.00
	Z-02	370.29	505.21	1.36	2.06	38.00
	Z-03	357.45	507.09	1.42	2.05	35.00
	平均值	365.10	509.27	1.39	2.05	34.33
H 型钢梁	L-01	329.51	444.84	1.35	2.12	25.40
	L-02	329.50	444.83	1.35	2.10	25.00
	L-03	321.90	447.44	1.39	2.31	27.00
	平均值	326.97	445.70	1.36	2.18	25.80
支撑	ZC-01	381.37	530.10	1.39	2.04	34.40
	ZC-02	382.64	524.22	1.37	1.96	40.40
	ZC-03	392.39	529.73	1.35	1.93	36.60
	平均值	385.47	528.02	1.37	1.98	37.13

4.2.4　地震记录选取与调整

本次试验共选用 5 条地震记录：LAMAP - A0100（LAMAP）、I - ELC180（ELC）、TAFT、LOMA - 207（LOMA）和 IMPERIAL，各地震记录峰值加速度（PGA）、峰值速度（PGV）、峰值位移（PGD）等详细参数见表 4 - 3。

表 4-3　地震记录参数

地震记录	震级	震源深度/km	地震矩/J	PGA/g	PGV/(cm·s⁻¹)	PGD/cm
ELC	6.95	8.8	2.9854E26	0.2584	31.7400	18.0100
IMPERIAL	6.53	10	6.9984E25	0.1212	15.6900	6.2600
LAMAP	6.93	17.5	2.7861E26	0.2912	37.2000	12.0300
LOMA	6.93	17.5	2.7861E26	0.0712	11.8600	4.0000
TAFT	7.36	16	1.2303E27	0.1728	15.7200	9.3400

采用的 5 条地震记录涵盖了 4 种不同的场地类别，5 种地震波适用的场地类别如表 4-4 所示，各地震记录加速度时程曲线见图 4 - 8。采用的地震记录最大振幅分别为：

70 Gal(1 Gal = 10^{-2} m/s^2)、220 Gal、400 Gal 和 620 Gal,分别模拟了 7~9 级抗震设防烈度下的频遇及罕遇地震加速度幅值。综合考虑试验模型尺寸相似比为 1:4,按相似比原则推算时间相似比为 1:2,本试验将加速度时程长度缩短 1/2,各工况地震记录调整及地震记录加载顺序见表 4-5。

表 4-4　不同场地类别的地震波

场地类别	一类	二类	三类		四类
地震波名称	LOMA 波	ELC 波	TAFT 波	IMPERIAL 波	LAMAP 波

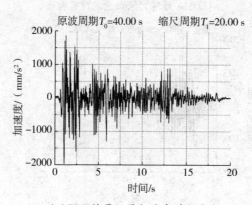

(a)ELC 地震记录加速度时程曲线

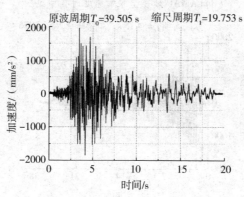

(b)IMPERIAL 地震记录加速度时程曲线

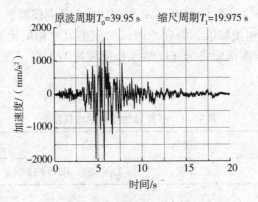

（c）LOMA 地震记录加速度时程曲线

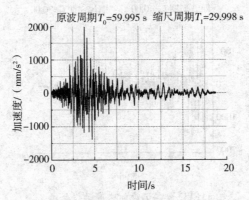

（d）LAMAP 地震记录加速度时程曲线

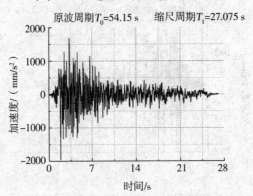

（e）TAFT 地震记录加速度时程曲线

图 4-8　试验用地震记录加速度时程曲线

表 4 - 5　试验加载工况

工况号	地震记录	峰值加速度/g	时间 t 缩尺	对应地震烈度
工况 1	LAMAP	0.07	1/2	
工况 2	ELC	0.07	1/2	
工况 3	TAFT	0.07	1/2	八度频遇
工况 4	LOMA	0.07	1/2	
工况 5	IMPERIAL	0.07	1/2	
工况 6	LAMAP	0.22	1/2	
工况 7	ELC	0.22	1/2	
工况 8	TAFT	0.22	1/2	七度罕遇
工况 9	LOMA	0.22	1/2	
工况 10	IMPERIAL	0.22	1/2	
工况 11	LAMAP	0.40	1/2	
工况 12	ELC	0.40	1/2	
工况 13	TAFT	0.40	1/2	八度罕遇
工况 14	LOMA	0.40	1/2	
工况 15	IMPERIAL	0.40	1/2	
工况 16	LAMAP	0.62	1/2	
工况 17	ELC	0.62	1/2	
工况 18	TAFT	0.62	1/2	九度罕遇
工况 19	LOMA	0.62	1/2	
工况 20	IMPERIAL	0.62	1/2	

　　由于本试验采用位移控制加载模式,需要将所选取的 5 条地震记录加速度时程使用 MATLAB 程序进行两次积分处理,将加速度时程积分为位移时程,由积分过程可知,同一地震记录位移时程与加速度时程为线性关系。峰值加速度为 70 Gal 加载工况下各地震记录峰值位移见表 4 - 6。

表 4 - 6　70 Gal 加载工况台面输出峰值位移

地震记录	最大位移	最小位移
LAMAP	4.106 8	-3.104 8
ELC	7.212 3	-5.062 2
TAFT	8.638 7	-7.674 9
LOMA	9.738 0	-5.630 3
IMPERIAL	10.739 6	-9.390 6

峰值加速度为 70 Gal 工况下各地震记录位移时程曲线见图 4 - 9。

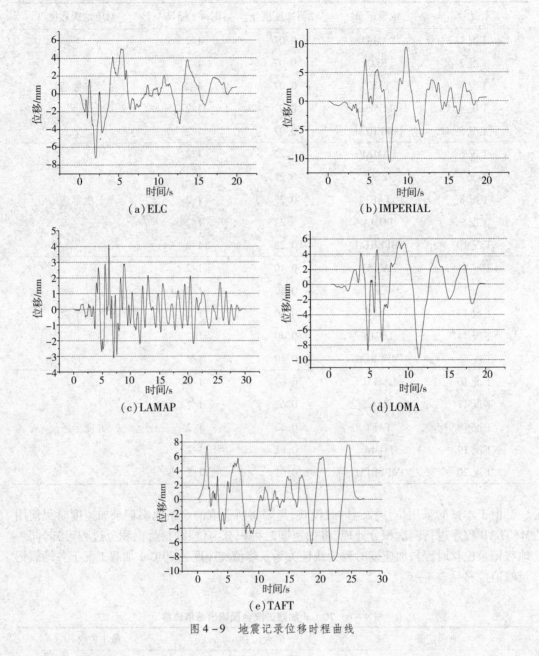

图 4 - 9　地震记录位移时程曲线

4.2.5　试验数据采集及处理方法

在振动台试验加载过程中,传感器与应变片布置、数据采集方式如下:在梁柱节点处布置了位移传感器和加速度传感器,测定试验模型各楼层处的位移及加速度响应;在底部两层的梁、柱、支撑关键位置处粘贴应变片,测定试验过程中梁、柱及支撑的应力应变;观察并记录试验模型在不同加载工况下的试验现象,确保各传感器采集的数据真实有效。试验结束后,分析对比试验所得的数据,对分离式钢结构在不同加载工况下的位移时程曲线、加速度时程曲线、加速度包络图、位移包络图、层间位移角以及加速度放大系数等进行对比,为以后的理论模型分析和分离式结构体系的推广与应用提供参考。

(1)应力应变采集

本次试验共选取了 40 余个位置作为应变采集点,分布于一层与二层的支撑中部的四面、一层与二层梁端的上部与下部、柱脚位置、一层与二层梁柱节点处。应变采集点分布图如图 4-10 所示,支撑应变采集与梁柱节点应变采集示意图如图 4-11 所示。

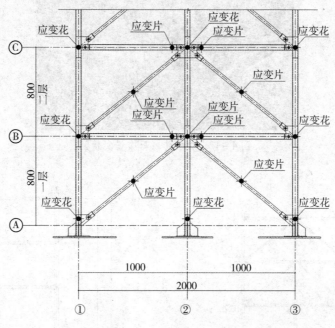

图 4-10　应变采集点分布图

(a)支撑应变示意图　　　　　　(b)梁柱节点应变花示意图

图 4-11　应变采集示意图

（2）位移采集

本次试验共使用 14 台 LVDT 高精度位移传感器,其量程分为 100 mm,150 mm, 200 mm,分布于每层梁柱节点处及柱脚处(每层两个)。因为振动台为位移控制加载,各位移计所测量位移为绝对位移,本试验假设柱脚位移即为振动台台面位移,各层所测位移减去台面位移即为各楼层在单向水平地震作用下所产生的水平位移。位移传感器布置实物图如图 4-12 所示,各层梁柱节点处位移计布置位置及编号如图 4-13 所示。

图 4-12 位移传感器布置实物图

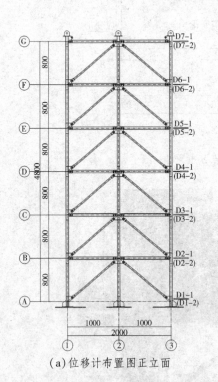

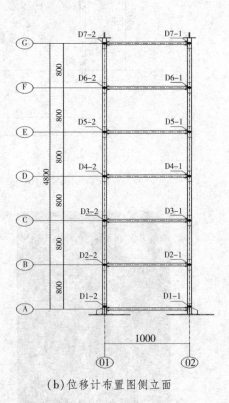

（a）位移计布置图正立面　　　　　　（b）位移计布置图侧立面

图 4-13 位移传感器布置图

考虑到试验模型在水平地震作用下所产生的水平位移不同,根据 ANSYS 模拟分析得知顶层位移最大，其余各楼层位移随楼层降低而逐渐减小，故顶部梁柱节点处选用量程为 ±200 mm 的 LVDT 位移传感器，编号为 D7-1、D7-2，底部柱脚处选用量程为 ±100 mm 的 LVDT 位移传感器，编号为 D1-1、D1-2，其他位置选用量程为 ±150 mm 的 LVDT 位移传感器。

(3) 加速度采集

本试验共使用 14 个加速度传感器，加速度传感器的布置与位移传感器布置方法类似，分别布置在试验模型各楼层梁柱节点处及柱脚，楼层处加速度传感器用于测量本楼层的水平加速度，柱脚处加速度传感器校核振动台台面输出加速度。加速度传感器位置及编号如图 4-14 所示，加速度传感器实物图如图 4-15 所示。

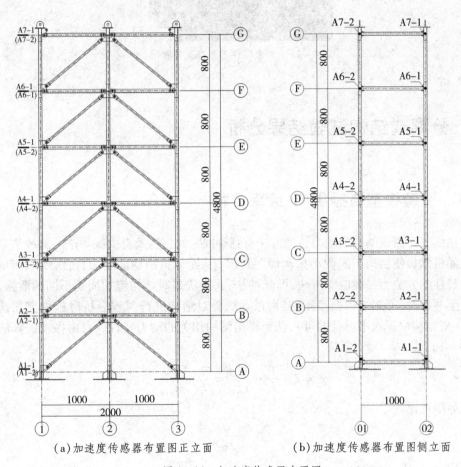

(a) 加速度传感器布置图正立面　　　(b) 加速度传感器布置图侧立面

图 4-14　加速度传感器布置图

图 4-15　加速度传感器布置实物图

4.3　分离式结构试验结果分析

4.3.1　试验模型自振周期、频率分析

常用的三种测试结构的动力性的方法有:脉冲法、共振法及自由振动法。脉冲法是利用环境随机激振使结构产成微小振动即"脉动",从而分析结构的动力特性,本次测试结构动力特性的方法为加载白噪声法,即脉冲法;共振法是对结构施加周期不同的激振,当结构发生共振时,可知结构振型图;自由振动法是对结构进行时程分析时施加突加荷载(对于一般结构房屋水平荷载即可),从而得出结构相关的动力特性。自由振动法算法见公式(4-1)。

$$\gamma = 2 \cdot \frac{1}{k}\ln\frac{a_n}{a_{n+k}} = \frac{2}{k}\ln\frac{a_n}{a_{n+k}} \qquad (4-1)$$

临界阻尼比

$$D_C = \frac{\gamma}{2\pi}$$

式中:

a_n——第 n 个波的峰-峰值;

a_{n+k}——第 $n+k$ 个波的峰-峰值;

γ——对数衰减率;

D_C——临界阻尼比。

本次试验采用的地震记录加速度最大振幅分别为:70 Gal、220 Gal、400 Gal 和 620 Gal,分别模拟了七度罕遇、八度频遇、八度罕遇、九度罕遇水平地震作用下的加速度幅值,在各工况加载前后,对试验模型施加峰值加速度为 25 Gal 的白噪声进行扫频,采集试验模型各层的加速度时程曲线,利用 SeismoSignal 地震记录处理程序,对采集到的加速度波谱进行傅里叶变换,将试验模型白噪声扫频得到的加速度时程曲线转变为能量波谱及傅里叶变换波谱,从而得到试验模型加载前后的基本周期及频率,用以监测试验模型在加载过程中的动力特性的变化。经过数据处理,最终得出结构的基本周期为 0.153 s,基频为 6.53 Hz,通过对比加载前后的能量波谱及傅里叶变换波谱,可以得出加载过程中试验模型处于弹性阶段,并未屈服。加载前后傅里叶变换波谱及能量波谱见图 4 – 16。

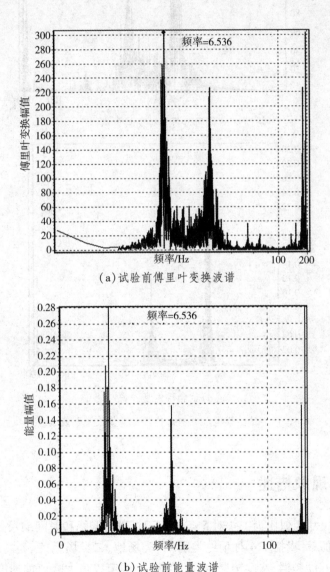

(a)试验前傅里叶变换波谱

(b)试验前能量波谱

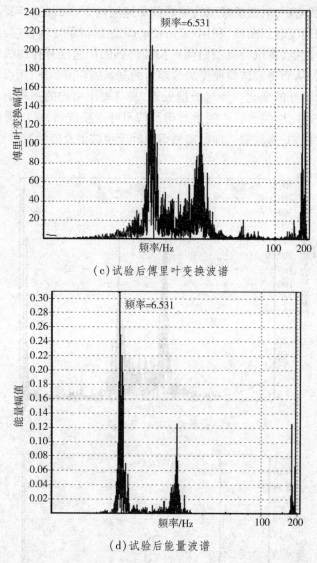

(c)试验后傅里叶变换波谱

(d)试验后能量波谱

图4-16 试验模型加载前后傅里叶变换波谱及能量波谱

4.3.2 试验现象描述

本试验根据尺寸相似比为1:4对5条地震记录进行调幅和时间缩尺,共进行了28个工况的地震记录加载,囊括了4种场地类别(一类场地、二类场地、三类场地)和4种地震烈度(七度罕遇、八度频遇、八度罕遇、九度罕遇)。本节以最大峰值加速度(PGA)为分组对试验现象进行描述。

(1)八度频遇(PGA = 70 Gal):台面实测最大加速度为 LOMA 地震作用(67.231 2 Gal),振动台台面输出位移较小,模型产生轻微振动,整体结构在晃动时发出轻微响声,响声来自于钢筋混凝土配重块的相互撞击。

(2)七度罕遇(PGA = 220 Gal):台面实测最大加速度为 LOMA 地震作用(166. 859 Gal),振动台台面振动较为明显,模型同样也有较为明显的地震响应,,整体结构在晃动时发出较大响声。

(3)八度罕遇(PGA = 400 Gal):台面实测最大加速度为 LAMAP 地震作用(349. 136 Gal),振动台台面振动较大,模型的地震响应较七度罕遇地震时更为强烈,整体结构在晃动时发出很大响声。

(4)九度罕遇(PGA = 620 Gal):台面实测最大加速度为 LOMA 地震作用(504. 823 Gal),振动台台面和试验模型产生了十分强烈的振动,尤其是模型顶部,水平位移较大。整体结构在晃动时发出剧烈的响声。

(5)随着台面输出加速度时程峰值加速度的增大,台面位移越来越大,试验模型振动越来越剧烈。

4.3.3　试验数据分析

本试验通过 14 台 LVDT 高精度位移传感器分别采集了柱脚和 1 ~ 6 层梁柱节点处的水平位移,柱脚和各楼层处均布置两个位移传感器,取两个传感器的平均值为本采集点绝对位移,柱脚处位移默认为振动台台面输出位移,各层所测位移减去台面位移即为各楼层在单向水平地震作用下所产生的水平位移;通过 14 台加速度传感器分别采集了柱脚和 1 ~ 6 层梁柱节点处水平加速度,取两个传感器的平均值为本采集点绝对加速度,柱脚处位移默认为振动台台面输出加速度。本节分别以加载工况峰值加速度、地震记录为分组分析试验模型在水平单向地震作用下的地震响应。

(1)位移时程曲线

试验过程中,通过安装在各楼层处的 LVDT 高精度位移传感器来实时测量模型的位移时程变化,然后根据不同地震记录、不同峰值加速度等因素对所采集数据进行分类对比,分析评价分离式结构体系在水平地震作用下的地震响应与抗震性能。

为了清晰表示试验模型在水平地震作用下的位移响应,本节取各加载工况下试验模型顶点位移时程,以地震记录为分组绘制试验模型各楼层位移时程曲线。各加载工况下顶点位移时程曲线见图 4 – 17。对比分析不同加载工况下各楼层位移时程曲线可知:

①在相同水平地震记录作用下,试验模型各层位移时程曲线与台面输出的位移时程曲线波形相同且有一定滞后,各楼层位移较小,说明试验模型刚度较大,在水平地震作用下产生了较小的侧向位移。

②在相同水平地震记录作用下,随着台面输出位移时程峰值加速度逐渐增大,试验模型各楼层峰值位移逐步增加,且增大幅度与台面输出位移时程的增加幅度相近,说明试验模型始终处于弹性阶段,刚度未发生变化。

③在相同加载工况下,随着高度的不断增加,试验模型各楼层峰值位移逐步增加,最大位移响应发生在结构顶点处,说明试验模型侧向刚度布置合理,避免了中间薄弱层的出现。

④在台面空载情况下,各楼层的位移传感器仍然能采集到围绕零点上下波动但数值较小的位移数据,这是因为试验场地存在一定的干扰,使得振动台和试验模型产生了肉眼无法识别的轻微振动。

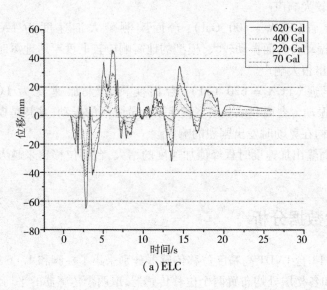

(a)ELC

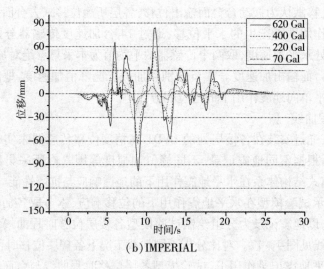

(b)IMPERIAL

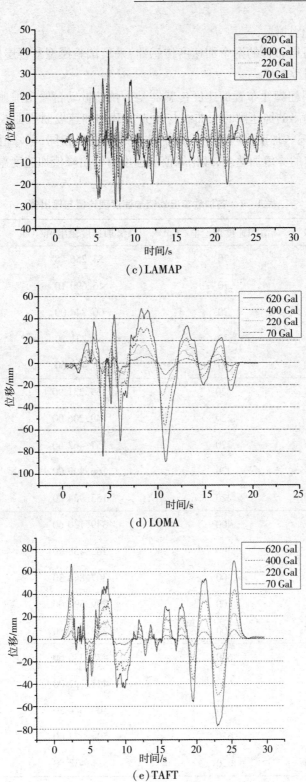

(c) LAMAP

(d) LOMA

(e) TAFT

图 4 - 17　顶点位移时程曲线

（2）加速度时程曲线

本试验通过每层布置的两个加速度传感器，采集试验模型各楼层处加速度数据并绘制相应的加速度时程曲线。

本试验在模型柱脚处布置加速度传感器是为校核振动台输出加速度是否准确可靠。对比分析振动台输出的加速度时程曲线与预先加载的加速度时程曲线可知：振动台读取加速度时程准确，输入加速度时程与输出加速度时程波形相同，但峰值加速度有所降低，并未达到预先设定的峰值加速度，理论峰值加速度与输出峰值加速度差值见表4-7。

表4-7　各加载工况峰值加速度理论值与输出值

工况号	地震记录	峰值加速度理论值/Gal	峰值加速度输出值/Gal	差值
工况1	LAMAP	70	54.256 78	15.743 22
工况2	ELC	70	46.690 10	23.309 90
工况3	TAFT	70	60.744 00	9.256 00
工况4	LOMA	70	67.231 20	2.768 80
工况5	IMPERIAL	70	45.410 60	24.589 40
工况6	LAMAP	220	159.231 90	60.768 10
工况7	ELC	220	149.206 00	70.794 00
工况8	TAFT	220	157.462 60	62.537 40
工况9	LOMA	220	166.899 00	53.101 00
工况10	IMPERIAL	220	153.924 00	66.076 00
工况11	LAMAP	400	349.130 60	50.869 40
工况12	ELC	400	262.438 00	137.562 00
工况13	TAFT	400	307.848 30	92.151 70
工况14	LOMA	400	299.592 00	100.408 00
工况15	IMPERIAL	400	229.411 80	170.588 20
工况16	LAMAP	620	475.336 60	144.663 40
工况17	ELC	620	441.721 00	178.279 00
工况18	TAFT	620	503.644 50	116.355 50
工况19	LOMA	620	504.824 00	115.176 00
工况20	IMPERIAL	620	331.438 00	288.562 00

由上表可知：随着地震记录峰值加速度的增加，峰值加速度理论值与峰值加速度输出

值的差值越来越大,这表明振动台在输入加速度值较大的地震记录时台面误差越来越大。所以在进行有限元分析时,地震记录的峰值加速度应按照振动台输出的峰值加速度进行调整,以保证理论分析与试验结果相统一。

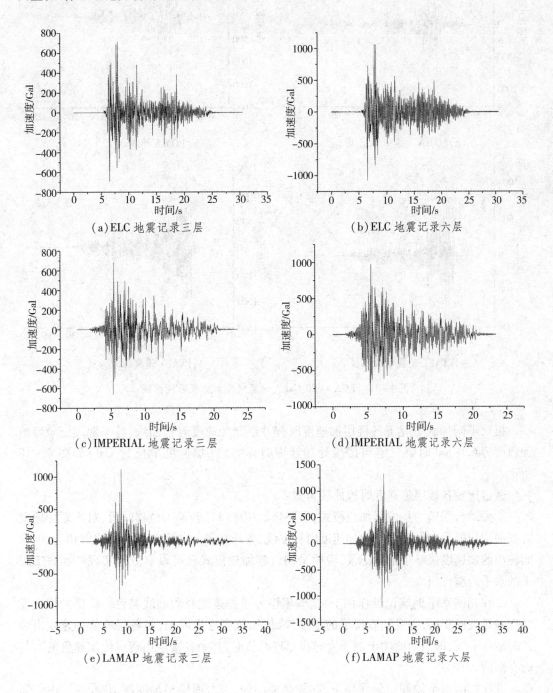

（a）ELC 地震记录三层　　　　　　　　　　（b）ELC 地震记录六层

（c）IMPERIAL 地震记录三层　　　　　　　　（d）IMPERIAL 地震记录六层

（e）LAMAP 地震记录三层　　　　　　　　　（f）LAMAP 地震记录六层

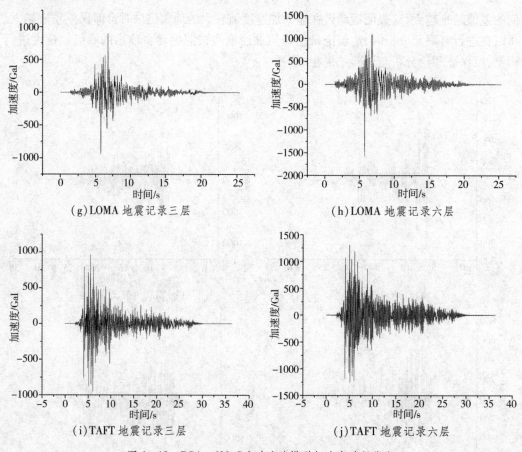

（g）LOMA 地震记录三层   （h）LOMA 地震记录六层

（i）TAFT 地震记录三层   （j）TAFT 地震记录六层

图 4-18   PGA =620 Gal 时试验模型加速度时程曲线

提取不同加载工况下各楼层加速度时程并绘制加速度时程曲线,各个地震记录峰值加速度为 620 Gal 时第三层与楼顶处加速度时程曲线(加速度单位为 Gal)如图 4-18所示。

通过比较各楼层加速度时程曲线可知:

①振动台采用的是位移加载模式,需要将加速度时程转换为位移时程,对比原加速度时程曲线与振动台台面输出的加速度时程曲线,发现两条加速度时程曲线波形相近,但台面输出的加速度值略小于原记录,说明采用位移加载模式也可以有效地实现各加载工况下的水平地震作用。

②在相同水平地震记录作用下,试验模型各层加速度时程曲线与台面输出的加速度时程曲线波形相同,并且随着楼层的增加,峰值加速度逐步增加,但各层峰值加速度出现的时刻各不同,即当台面输出加速度时程出现峰值时,其余各楼层出现峰值加速度的时刻略有滞后。

③在相同水平地震记录作用下,在较高楼层处,当台面输出加速度值较小时,由于惯性等原因,试验模型亦可能出现加速度较大、加速度时程曲线与台面输出加速度时程波形不相同的现象。

④部分加速度时程曲线中,某一时刻加速度发生突变,并且加速度数值非常大,这有可能是加载过程中配重块的撞击或螺栓孔的滑移引起的加速度突变。

⑤试验场地存在一定的干扰,使得振动台和试验模型产生了肉眼无法识别的轻微振动,在台面空载情况下,加速度传感器仍然能采集到围绕零点上下波动但数值较小的加速度的数据。

(3)加速度包络图及加速度放大系数

通过试验数据采集系统提取试验模型各楼层梁柱节点处加速度时程曲线的峰值加速度,同台面输出的峰值加速度进行比较,求出比值,便可以得到试验模型在不同加载工况下各楼层的加速度包络图及加速度放大系数 K。加速度放大系数是分析结构抗震性能的重要指标。不同加载工况下各楼层处的加速度包络图及加速度放大系数见图 4 – 19。

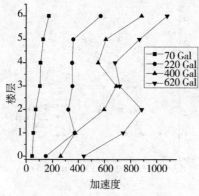

(a)ELC 地震记录加速度包络图

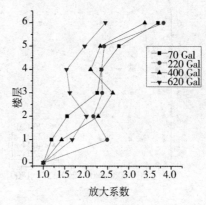

(b)ELC 地震记录加速度放大系数

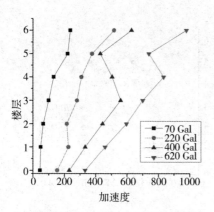

(c)IMPERIAL 地震记录加速度包络图

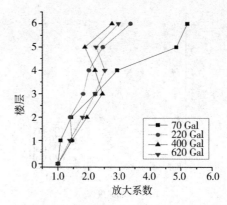

(d)IMPERIAL 地震记录加速度放大系数

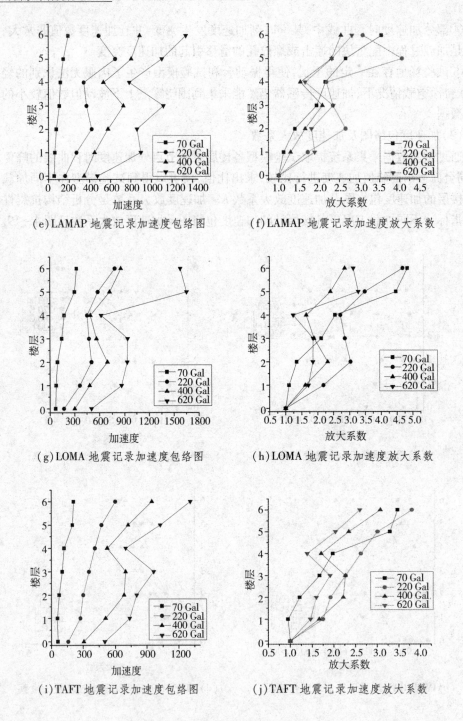

(e) LAMAP 地震记录加速度包络图　　　(f) LAMAP 地震记录加速度放大系数

(g) LOMA 地震记录加速度包络图　　　(h) LOMA 地震记录加速度放大系数

(i) TAFT 地震记录加速度包络图　　　(j) TAFT 地震记录加速度放大系数

图 4－19　加速度包络图及加速度放大系数

　　由同一地震记录不同峰值加速度加载工况下的加速度包络图可知：

　　①随着台面输出加速度时程的峰值加速度的不断增加,试验模型各楼层的峰值加速度也随之增加,这与前面所总结的结论(各楼层加速度时程曲线波形相似,峰值加速度随

台面输出的峰值加速度增加而增加)相对应;各楼层加速度放大系数不随台面输出加速度时程的峰值加速度变化而变化。

②ELC 地震作用下:70 Gal 与 220 Gal 加载工况下加速度包络图呈抛物线形,400 Gal 与 620 Gal 加载工况下加速度包络图呈锯齿形,顶层加速度值最大;随着台面输出加速度时程的峰值加速度增加,曲线越来越明显;各楼层加速度放大系数曲线分布范围为 1.0 ~ 4.0。

③IMPERIAL 地震作用下:加速度包络图呈抛物线形,顶层加速度值最大;当台面输出加速度时程的峰值加速度为 620 Gal 时,三层出现了较大的加速度值,这与其余工况下加速度包络图不符,可以理解为当峰值加速度为 620 Gal 时,试验模型振动剧烈,引起了配重块与试验模型的撞击,导致加速度值突变。各楼层加速度放大系数曲线分布范围为1.0 ~ 3.5。

④LAMAP 地震作用下:70 Gal 与 220 Gal 加载工况下加速度包络图呈抛物线形,400 Gal 与 620 Gal 加载工况下加速度包络图呈锯齿形,顶层加速度值最大,四层峰值加速度略小于一层、二层;随着台面输出加速度时程的峰值加速度增加,曲线越来越明显;各楼层加速度放大系数曲线分布范围为 1.0 ~ 4.5,随着台面输出加速度时程的峰值加速度变化,各楼层加速度放大系数变化幅度小;当台面输出峰值加速度为 220 Gal 时,各楼层加速度放大系数最大。

⑤LOMA 地震作用下:试验模型地震响应与 LAMAP 地震作用下相似。70 Gal 与 220 Gal加载工况下加速度包络图呈抛物线形,400 Gal 与 620 Gal 加载工况下加速度包络图呈锯齿形,顶层加速度值最大,四层峰值加速度略小于一层、二层;随着台面输出加速度时程的峰值加速度增加,曲线越来越明显;各楼层加速度放大系数曲线分布范围为 1.0 ~ 5.0,各楼层加速度放大系数不随台面输出加速度时程的峰值加速度变化而变化;当台面输出峰值加速度为 220 Gal 时,各楼层加速度放大系数最大。

⑥TAFT 地震作用下:加速度包络图呈抛物线形,顶层加速度值最大;各楼层加速度放大系数曲线分布范围为 1.0 ~ 5.0,各楼层加速度放大系数不随台面输出加速度时程的峰值加速度变化而变化;当台面输出峰值加速度为 220 Gal 时,各楼层加速度放大系数最大。

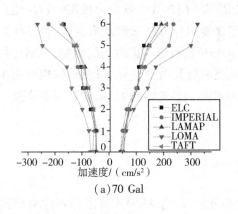

(a)70 Gal

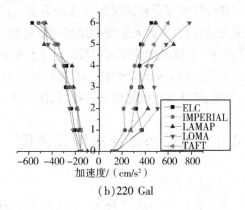

(b)220 Gal

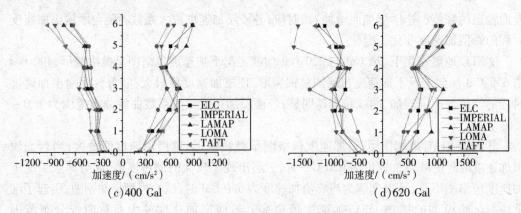

(c)400 Gal   (d)620 Gal

图 4 – 20　各楼层最大加速度

由相同峰值加速度不同地震记录加载工况下的各楼层最大加速度响应包络曲线(见图 4 – 20)可知:

①加速度包络图为平滑曲线,基底加速度为台面输出加速度,随楼层增高峰值加速度不断增大;随着加载工况的峰值加速度增加,试验模型加速度包络图保持形状不变,各楼层峰值加速度增大。

②试验模型对不同地震记录的加速度响应各不相同,相同峰值加速度加载工况下,试验模型加速度响应由大到小为:LOMA > IMPERIAL > TAFT > ELC。

③低烈度下,由于振动较小,引起外部环境振动、配重块相互撞击等不利因素较小,所以此时采集数据较为准确。在 70 Gal 时得出加速度包络图为抛物线,在高烈度下虽然包络图出现波动,但仍保持与 70 Gal 相类似的抛物线形态,说明试验模型在水平地震作用下受力形式以第一振型为主,受高阶振型影响较小。

4.4　分离式结构有限元分析

非线性时程分析法又称直接动力法,首先依据结构非线性恢复力模型的特性建立动力方程,然后直接输入地震记录加速度时程,用逐步积分方法求解动力方程,直接计算结构的位移、速度及加速度时程反应。非线性时程分析法可以考虑时间的影响,可描述在地震作用下结构分别处于弹性和非弹性阶段的地震响应及内力变化,以及结构构件逐步屈服、开裂、损坏直至倒塌的全过程,从而为评价结构抗震性能、结构抗震设计提供依据。

4.4.1　振动台试验有限元模型

(1)基本假定

本节在已有的理论分析、振动台试验的基础上,利用 ANSYS 有限元程序对跨度为 1 m、层高为 0.8 m 的"日"字形六层钢框架做非线性时程分析,考察结构各楼层处位移、

加速度等动力特性,并与相应纯钢框架进行对比,研究分离式结构体系的抗震性能。本书对分离式结构体系做如下基本假定:

①结构主要受力构件的质量均匀分布于各构件有限元模型上,其他附属构件的附加质量均匀地分布于各楼层处框架梁的有限元模型节点上;

②忽略梁、柱几何初始缺陷的影响;考虑支撑 $l/1\,000$ 的整体初弯曲;

③仅考虑 X 轴单向水平地震作用,并且研究方向仅为单方向,所以梁、柱、支撑节点的转动仅绕 Y 轴。

(2)建立有限元模型确定加载工况

基于上述基本假定,利用 ANSYS 有限元程序,梁、柱以及支撑均选用 BEAM188 单元,建立与试验模型整体尺寸及构件截面尺寸相同的分离式结构体系的有限元模型,研究分离式结构体系在水平地震作用下的地震响应情况。将有限元模型材料形式定义为双线性随动强化模型,泊松比 $\nu=0.3$,钢材密度 $=7\,850\ \mathrm{kg/m^3}$,弹性模量 E 选用材性试验结果,切线模量 $E_{st}=0.02\,E$。地面连接处节点约束其全部自由度,模拟柱脚与地面刚接。

表 4-8　有限元模型加载工况

工况号	地震记录	峰值加速度/Gal	时间 t 缩尺	对应场地类别	对应地震烈度
工况 1	LAMAP	54.256 78	1/2	四类	
工况 2	ELC	46.690 10	1/2	二类	
工况 3	TAFT	60.744 00	1/2	三类	八度频遇
工况 4	LOMA	67.231 20	1/2	一类	
工况 5	IMPERIAL	45.410 60	1/2	三类	
工况 6	LAMAP	159.231 90	1/2	四类	
工况 7	ELC	149.206 00	1/2	二类	
工况 8	TAFT	157.462 60	1/2	三类	七度罕遇
工况 9	LOMA	166.899 00	1/2	一类	
工况 10	IMPERIAL	153.924 00	1/2	三类	
工况 11	LAMAP	349.130 60	1/2	四类	
工况 12	ELC	262.438 00	1/2	二类	
工况 13	TAFT	307.848 30	1/2	三类	八度罕遇
工况 14	LOMA	299.592 00	1/2	一类	
工况 15	IMPERIAL	229.411 80	1/2	三类	
工况 16	LAMAP	475.336 60	1/2	四类	
工况 17	ELC	441.721 00	1/2	二类	
工况 18	TAFT	503.644 50	1/2	三类	九度罕遇
工况 19	LOMA	504.824 00	1/2	一类	
工况 20	IMPERIAL	331.438 00	1/2	三类	

由于振动台输出地震记录加速度时程的峰值加速度并未达到预先设定的值,所以在进行有限元时程分析时,各加载工况峰值加速度与振动台试验过程中振动台台面输出峰值加速度相同。各加载工况详见表4-8。

(3)模态分析

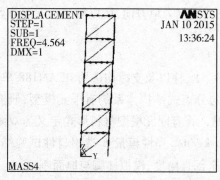
(a)第一振型(侧立面,4.56 Hz)

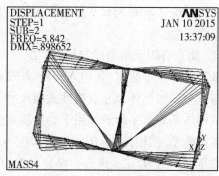
(b)第二振型(俯视,5.84 Hz)

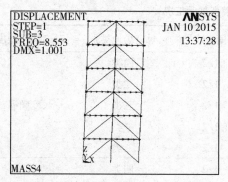
(c)第三振型(正立面,8.55 Hz)

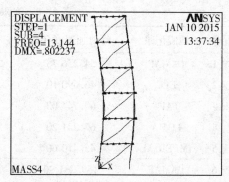
(d)第四振型(侧立面,13.144 Hz)

图4-21 有限元模型振型分析

对结构进行模态分析主要是考察结构的固有振型、周期、频率等动力参数,这是研究结构动态响应的重要因素。本节对有限元模型进行模态分析并提取前四阶振型的变形曲线与频率(见图4-21),由前四阶振型变形曲线图可知:有限元模型第一振型是沿单跨方向的平动,第二振型为扭转振型,第三振型为沿两跨方向(加载方向)的平动,第四振型为沿单跨方向的弯曲;由白噪声扫频知试验模型沿两跨方向基频为6.53 Hz,小于有限元模型的8.55 Hz,说明有限元模型初始刚度大于试验模型,这可能是加工、安装过程中存在初始缺陷和误差引起的。

(4)非线性时程分析

为了使有限元时程分析结果与振动台试验分析结果更好地吻合,本节有限元时程分析采用与振动台相同的位移加载模式,采集各楼层位移时程与振动台试验结果进行对比分析,为了减小配重块碰撞和螺栓孔滑移的影响,本节以峰值加速度为70 Gal的加载工况为例,将振动台试验模型顶点位移时程曲线(截取前10秒)与有限元模型各楼层位移时程曲线(截取前 10 秒)进行对比分析,顶点位移时程曲线见图 4 - 22。

通过对比分析有限元模拟顶点位移时程曲线与试验顶点位移时程曲线可知:①两条时程曲线波形一致,在某些时刻已达到重合的程度;②模拟结果略小于试验结果,并且试验结果绕模拟结果上下波动,这是因为试验模型存在初始缺陷,刚度低于有限元模型导致顶点的水平位移较大,由于试验环境存在一定的振动,使得试验结果产生微小的上下波动。基于有限元模拟顶点位移时程曲线与试验顶点位移时程曲线,我们可以得出结论:有限元时程分析能够与振动台试验较好吻合,有限元模型正确。

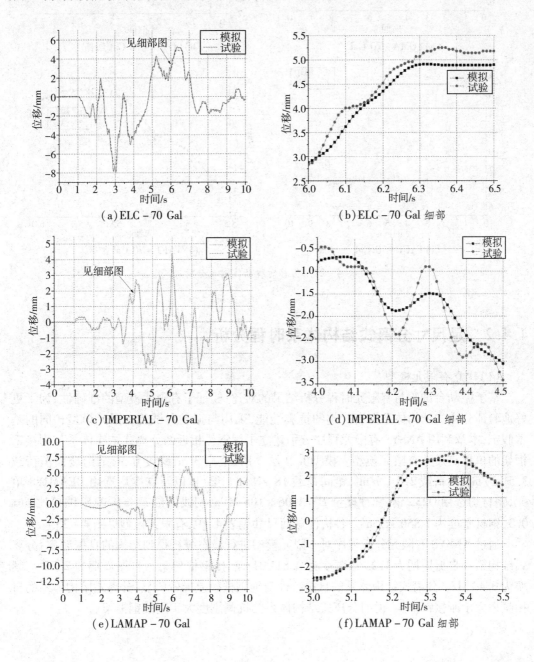

(a)ELC - 70 Gal (b)ELC - 70 Gal 细部

(c)IMPERIAL - 70 Gal (d)IMPERIAL - 70 Gal 细部

(e)LAMAP - 70 Gal (f)LAMAP - 70 Gal 细部

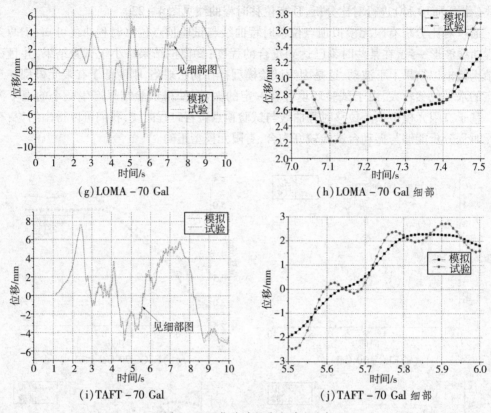

图 4-22　位移时程曲线对比分析

4.4.2　足尺寸分离式结构体系时程分析

（1）建立有限元模型

基于振动台试验与有限元时程分析结果的对比，验证了有限元模型的准确性，为了更好地验证分离式结构体系拥有优越的抗震性能，采用与振动台试验有限元模型相同的基本假定，本章利用 ANSYS 有限元程序分别建立了用钢量相近的分离式结构体系与刚接钢框架的单榀足尺寸有限元模型。模型共 9 层 3 跨，层高 3 m，跨度 6 m，结构楼面恒荷载 3.5 kN/m²、活荷载 2.0 kN/m²，梁间荷载 18 kN/m。梁、柱以及支撑均选用 BEAM188 单元，钢材均选用 Q235 钢，弹性模量 $E = 2.06 \times 105$ MPa，切线模量 $E_{st} = 0.02E$，泊松比 $\nu = 0.3$，钢材密度为 7 850 kg/m³。各构件截面尺寸见表 4-9，有限元模型见图 4-23。

通过 ANSYS 有限元分析程序对有限元模型进行模态分析得到结构的自振频率：分离式结构第一自振周期为 1.23 s，频率为 0.811 Hz，刚接钢框架第一自振周期为 2.27 s，频率为 0.44 Hz。分离式结构体系的自振特性与纯钢框架差异较明显：分离式结构体系的自振频率大于刚接钢框架，说明分离式结构体系的抗侧刚度大于刚接钢框架。

表 4 - 9　构件截面尺寸

结构体系	柱(h/mm)×(b/mm)× (t_w/mm)×(t/mm)	梁(h/mm)×(b/mm)× (t_w/mm)×(t/mm)	变截面支撑(d_1/mm)× (d_0/mm)×(t/mm)
分离式结构	300×300×10×15	400×200×8×13	300×150×8
刚接钢框架	350×350×12×19	400×200×8×13	—

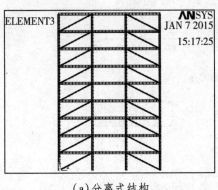
(a)分离式结构

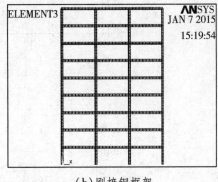
(b)刚接钢框架

图 4 - 23　足尺寸有限元模型

　　本节仍然使用振动台试验中所选用的 5 条地震记录(ELC、IMPERIAL、LAMAP、LO-MA、TAFT)对足尺寸的有限元模型进行时程分析,分别模拟七度罕遇(PGA = 220 Gal)、八度罕遇(PGA = 400 Gal)抗震设防烈度下的水平地震作用,通过对比分析分离式结构与刚接钢框架在不同加载工况下的位移响应与加速度响应,为分离式结构体系抗震性能分析提供依据,为分离式结构体系在实际工程中的应用与推广提供参考。

(2)顶点水平位移时程曲线

　　分离式结构与刚接钢框架在同一加载工况下的顶点位移时程曲线见图 4 - 24。

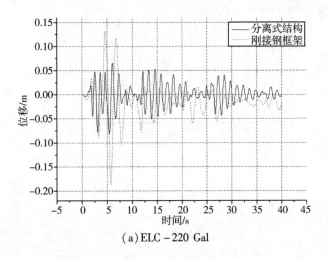
(a)ELC - 220 Gal

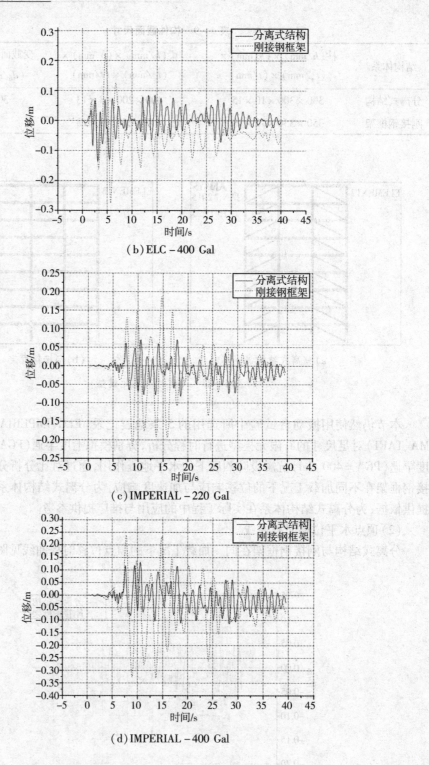

（b）ELC - 400 Gal

（c）IMPERIAL - 220 Gal

（d）IMPERIAL - 400 Gal

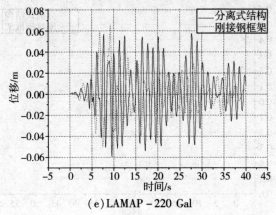

（e）LAMAP – 220 Gal

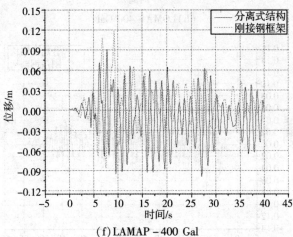

（f）LAMAP – 400 Gal

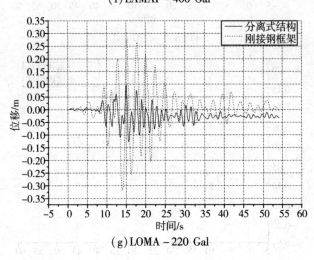

（g）LOMA – 220 Gal

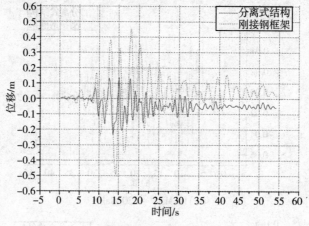

（h）LOMA – 400 Gal

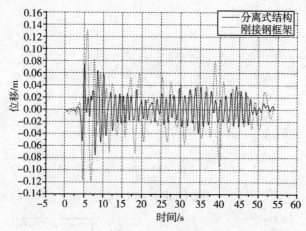

（i）TAFT – 220 Gal

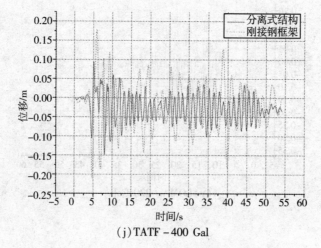

（j）TATF – 400 Gal

图 4 – 24　顶点位移时程曲线

由顶点位移时程曲线可知：

①在大部分工况下，分离式结构与刚接钢框架顶点水平位移时程曲线波形相似，顶点位移响应大部分时间里比相应刚接钢框架小或接近，但分离式结构顶点最大水平位移均小于刚接钢框架结构，说明分离式结构体系有较高的抗侧刚度，有效地限制结构的水平位移。

②当 PGA = 400 Gal 时，在 ELC 地震记录加载工况下，刚接钢框架已进入塑性阶段，结构产生了残余变形，但分离式结构仍处于弹性阶段；在 LOMA 地震记录加载工况下，分离式结构与刚接钢框架均已进入塑性，但分离式结构所产生的残余变形小于刚接钢框架。说明分离式结构体系有着优越的抗震性能。

③在 LAMAP 地震记录加载工况下，分离式结构与刚接钢框架顶点水平位移时程曲线波形相似，在一段时间内分离式结构产生了比刚接钢框架大的水平位移，与峰值加速度相等的其余工况相比，LAMAP 地震记录加载工况下计算模型的顶点位移要小很多，说明分离式结构体系可能在四类场地或在频率较大的水平地震作用下易产生较弱的地震响应，地震响应大于刚接钢框架。

（3）位移包络图及层间位移角

位移包络图及层间位移角是评价结构抗震性能的重要指标。足尺寸有限元模型在各加载工况下各楼层最大水平位移与层间位移角如图 4 – 25 所示，各加载工况顶层最大水平位移见表 4 – 10。

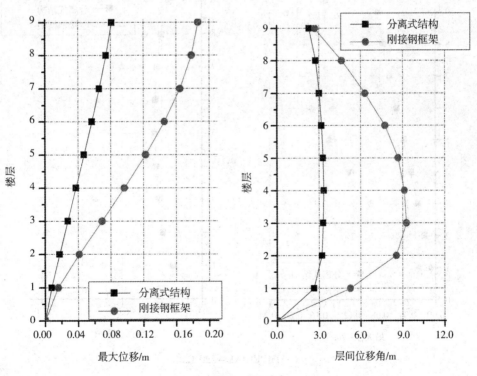

（a）ELC – 220 Gal

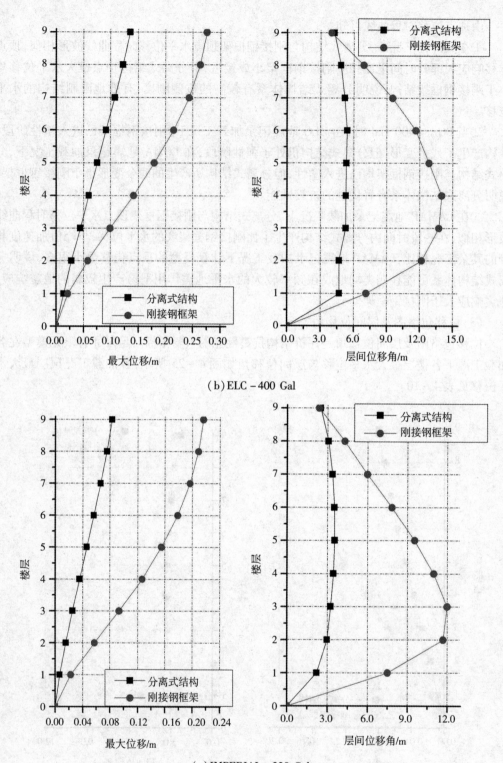

（b）ELC－400 Gal

（c）IMPERIAL－220 Gal

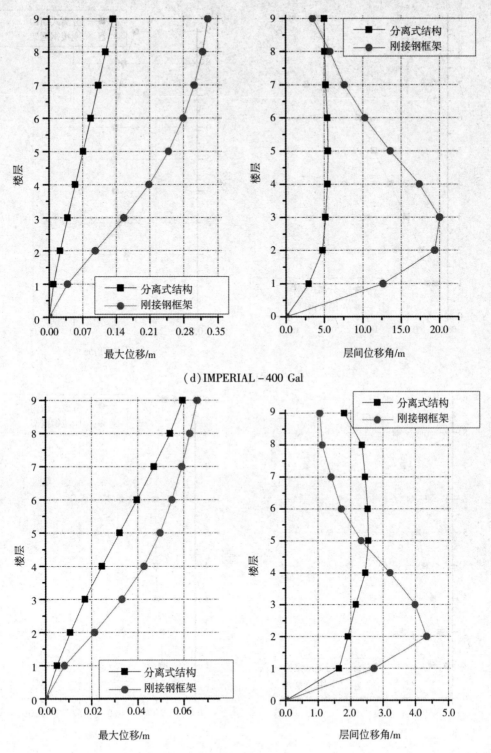

（d）IMPERIAL – 400 Gal

（e）LAMAP – 220 Gal

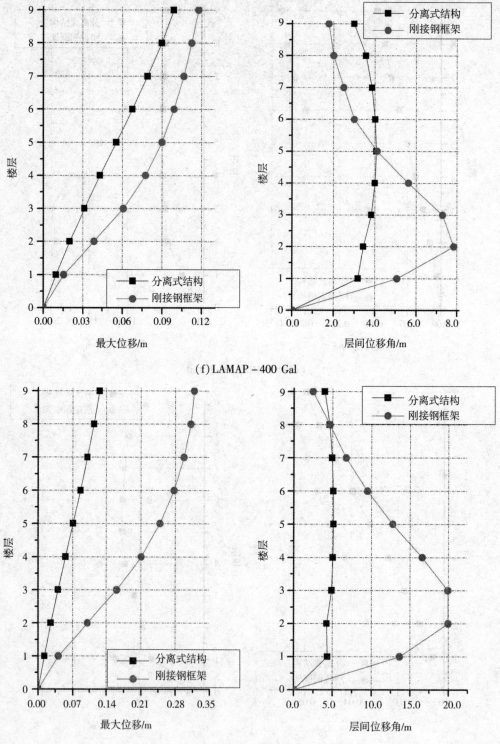

(f) LAMAP - 400 Gal

(g) LOMA - 220 Gal

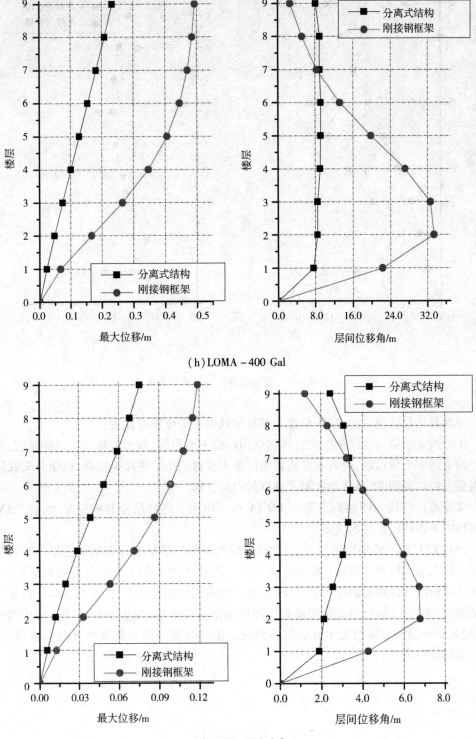

（h）LOMA – 400 Gal

（i）TAFT – 220 Gal

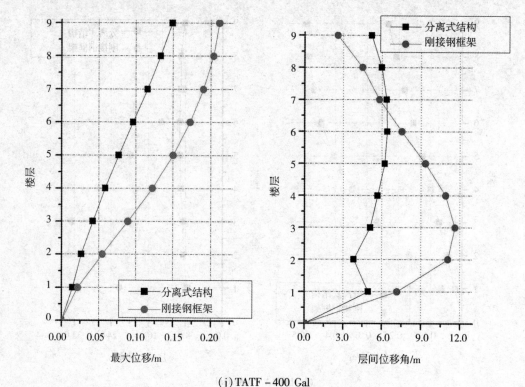

(j) TATF – 400 Gal

图 4 – 25　位移包络图与层间位移角

观察对比位移包络图、层间位移角和顶层最大水平位移可发现：

①分离式结构与刚接钢框架位移包络图均为平滑曲线,最大位移均在结构顶层,且沿楼层由上到下平滑过渡,分离式结构各楼层最大位移均小于刚接钢框架,说明分离式结构有着更大的抗侧刚度,有效地控制了模型的侧向位移。

②分离式结构与刚接钢框架在 LOMA 地震作用下各楼层位移响应最大,在 LAMAP 地震作用下各楼层位移响应最小。

③在 ELC 水平地震作用下,刚接钢框架最大层间位移角出现在结构三层、四层;其余工况下最大层间位移角出现在结构二层、三层,顶层层间位移角最小;与刚接钢框架相比,分离式结构层间位移角曲线更为平缓,各楼层层间位移角变化不大,最大层间位移角出现在结构的二层、三层;分离式结构最大层间位移角位置上移,发生于结构几何尺寸的中部(五层),最小层间位移角发生在底层或顶层。说明分离式结构侧向刚度分布合理,避免中间薄弱层的出现。

表 4 – 10　顶层最大水平位移

地震记录	峰值加速度/Gal	分离式结构/m	刚接钢框架/m
ELC	220	0.081 05	0.186 50
	400	0.134 70	0.275 60
IMPERIAL	220	0.083 14	0.216 30
	400	0.133 00	0.330 00
LAMAP	220	0.059 45	0.065 63
	400	0.098 64	0.117 60
LOMA	220	0.126 70	0.318 50
	400	0.233 00	0.492 90
TAFT	220	0.075 49	0.118 80
	400	0.149 10	0.211 30

(4)加速度包络图

分离式结构与刚接钢框架在各加载工况下的加速度包络图如图 4 – 26 所示。

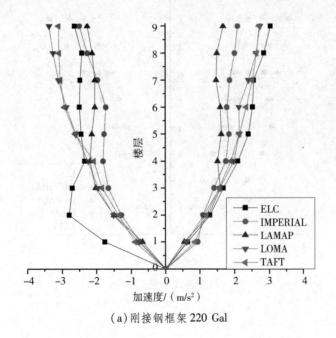

(a)刚接钢框架 220 Gal

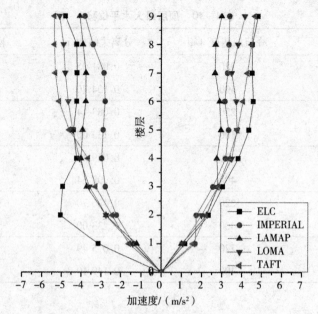

（b）刚接钢框架 400 Gal

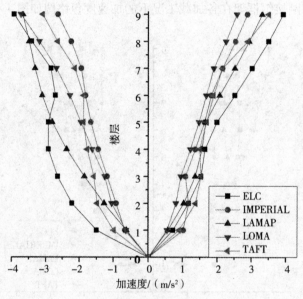

（c）分离式结构 220 Gal

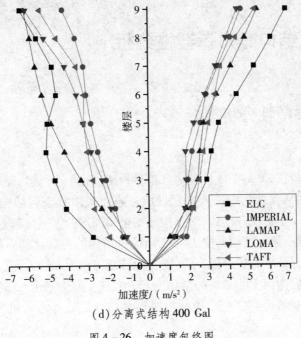

(d) 分离式结构 400 Gal

图 4-26　加速度包络图

　　在 ANSYS 模拟中采用的是加速度加载模式,限制了基底的所有自由度,基底加速度恒为零;振动台试验采用的是位移控制加载模式,基底加速度为台面输出加速度,所以振动台试验与足尺寸有限元分析的加速度包络图在图形结构上不相同。通过对比分析分离式结构与刚接钢框架在各加载工况下的加速度包络图可知:

　　①加速度包络图均为平滑曲线,除在 ELC 地震记录加载工况下分离式结构与刚接钢框架加速度包络曲线呈"S"形外,其余加载工况下加速度包络曲线均符合有限元模型在第一模态下的变形曲线。

　　②在 ELC 地震记录加载工况下:刚接钢框架的峰值加速度发生于结构第二层,其余工况下峰值加速度均发生于结构顶层;分离式结构的峰值加速度虽然发生于结构顶层,但与刚接钢框架相比,"S"形曲线略有"上移"。

　　③同一结构体系在相同峰值加速度加载工况下:水平地震加载轴线的正负两个方向的加速度包络图呈以零点为对称轴的对称分布;五条地震记录中加速度响应由大到小的顺序为:ELC > LAMAP > TAFT > LOMA > LAMAP > IMPERIAL。

　　④同一地震记录加载工况下,随着加速度时程的峰值加速度由 220 Gal 增大为 400 Gal,有限元模型各楼层加速度响应保持波形不变,加速度值线性增加。

　　⑤相同加载工况下,分离式结构与刚接钢框架加速度包络曲线形状相近,分离式结构各楼层加速度响应大于刚接钢框架,这是由于分离式结构抗侧刚度大,结构水平加速度随时间的响应程度较刚接钢框架剧烈。

4.5　分离式结构静力弹塑性分析

4.5.1　静力弹塑性分析简介

静力弹塑性分析法,又称非线性静力推覆分析法(Pushover 法),是利用结构材料非线性的特点,评估结构从弹性状态进入弹塑性状态直至极限状态时结构受力性能的方法。其基本原理是按照一定的加载模式,对结构施加单调递增的水平荷载直至目标位移,使结构呈现出弹塑性特征,通过结构的受力与变形评价结构的抗震性能。静力弹塑性分析方法比动力弹塑性时程分析方法简单,不需要使用恢复力模型和输入地震记录,不仅能够很好地反映对以第一振型为主的结构的整体变形和局部的塑性变形机制,更重要的是静力弹塑性分析还可以对结构在遭受罕遇地震时可能出现的破坏形式进行较精确的预测与分析。

静力弹塑性分析方法是基于三个基本假定:

(1)结构在水平地震作用下的反应与结构的等效单自由度体系相关,可以概括为在一般情况下结构的地震反应是由第一振型控制的;

(2)假设结构沿高度的变形可由形状向量$\{\varPhi\}$表示,且在整个地震反应过程中,变形形状$\{\varPhi\}$保持不变(即质量、刚度不发生变化,结构处于弹性阶段);

(3)楼板在自身平面内为无限刚度,平面外刚度为零。

4.5.2　能力曲线

能力曲线即加速度–位移反应谱曲线。通过对试验模型施加侧向荷载直至结构破坏,以顶点位移为横坐标,以基底剪力为纵坐标绘制出 Pushover 曲线,按一定的变形模式(通常为基本振型)将多自由度体系转变为等效单自由度体系,将基底剪力 V_b 转变为谱加速度 S_a,顶点位移 u 转换为谱位移 S_d,形成结构的能力曲线,根据美国应用技术委员会编制的《混凝土建筑抗震评估和修复》ATC – 40 和美国联邦紧急管理厅出版的《房屋抗震加固指南》FEMA2731274 所给出的静力弹塑性分析方法的基本步骤,转变过程见公式(4 – 2)。

$$S_a = \frac{V_b}{M_1^*} \qquad\qquad S_d = \frac{U_n}{\gamma \varphi_{n1}^2} \qquad\qquad (4-2)$$

$$M_1^* = \frac{\left(\sum\limits_{i=1}^{n} m_i \times \varphi_{i1} \right)^2}{\sum\limits_{i=1}^{n} m_i \times \varphi_{i1}^2} \qquad\qquad \gamma = \frac{\sum\limits_{i=1}^{n} m_i \times \varphi_{i1}}{\sum\limits_{i=1}^{n} m_i \times \varphi_{i1}^2}$$

式中：

V_b——基底剪力

U_n——顶点位移；

γ——为结构第一振型参与系数；

M_1^*——为有效质量；

m_i——为第 i 层质点的质量；

φ_{i1}——为第一振型下第 i 层质点的振幅。

侧向荷载的分布模式是进行静力弹塑性分析的关键问题之一，国内外学者都做过专门的研究，提出了很多种不同的侧向荷载分布方式，其中两种侧向荷载分布方式得到了广泛的认可：适应性的侧向荷载分布方式和固定的侧向荷载分布方式。国内学者通过对比分析适应性的侧向荷载分布方式和固定的侧向荷载分布方式发现：

（1）对于在地震作用下受第一振型影响较大，而受其他振型的影响较小的结构，是否考虑较高阶振型对结构的影响对静力弹塑性分析结果的影响并不大。

（2）对于在地震作用下受第一振型影响较大，而受其他振型的影响较小的结构，静力弹塑性分析中采用第一模态、第三模态、第四模态侧向荷载分布模式就可以较好地预测结构在地震作用下的地震响应。

基于静力弹塑性分析方法的基本假定，本节利用 ANSYS 有限元分析程序分别对足尺寸分离式结构体系与刚接钢框架有限元模型进行静力弹塑性分析。分离式结构与刚接钢框架模态变形见图 4 - 27。

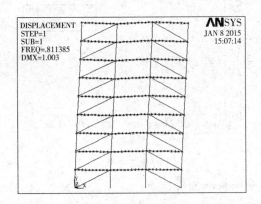 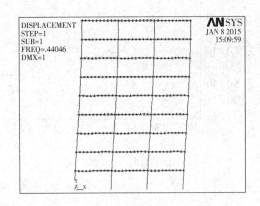

（a）分离式结构第一振型　　　　　　　　（b）刚接钢框架第一振型

（周期 1.23 s；频率 0.81 Hz）　　　　　　（周期 2.27 s；频率 0.44 Hz）

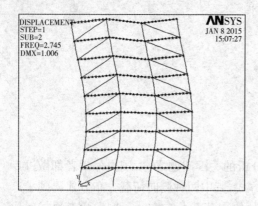 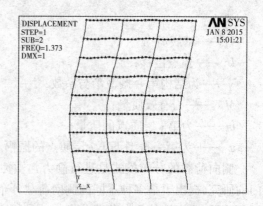

（c）分离式结构第一振型　　　　　　　　（d）刚接钢框架第一振型
（周期 0.36 s；频率 2.74 Hz）　　　　　　（周期 0.73 s；频率 1.37 Hz）

图 4-27　足尺寸有限元模型振型分析

　　本节按照有限元模型在第一振型下的变形模式对模型施加侧向力获得 Pushover 曲线，并将 Pushover 曲线转变为能力曲线，分离式结构以及刚接钢框架的 Pushover 曲线与能力曲线见图 4-28。

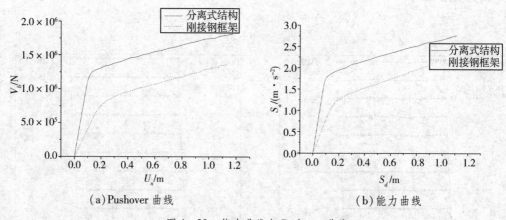

（a）Pushover 曲线　　　　　　　　　　　（b）能力曲线

图 4-28　能力曲线与 Pushover 曲线

　　对比分离式结构与刚接钢框架的能力曲线可以得出：

　　（1）分离式结构能力曲线中折点（屈服点）横坐标小于刚接钢框架，而纵坐标大于刚接钢框架，说明分离式结构抗侧力能力强，在弹性阶段抗侧刚度大；

　　（2）有限元模型屈服后，分离式结构横坐标大于刚接钢框架，说明分离式结构进入屈服阶段拥有良好的延性，更有利于能量耗散。

4.5.3　需求曲线与性能点

　　虽然可以根据能力曲线大致判断出结构的薄弱层和可能的破坏形式,但是要求解结构的目标位移、评估结构的抗震性能,还需要借助需求曲线。需求曲线是将给定地震记录加速度时程分别输入自振频率分布在一定范围的单自由度体系,从而得到相应的最大地震反应值,并以结构的位移反应为横坐标,加速度反应为纵坐标,绘制出结构位移 - 加速度反应曲线(即需求曲线)。需求曲线的建立主要有两种方法:ATC - 40 中提出的等效高阻尼弹性反应谱和 Chopra 提出的改进能力谱法。改进能力谱方法又可分为等延性强度需求曲线和等强度延性需求曲线,国内学者通过对比分析两种需求曲线发现延性谱的建立更加简单,预测出的目标位移更加保守,所以本节采用延性谱预测目标位移。

　　本节选用 5 条地震记录(ELC、LOMA、LAMAP、IMPERIAL、TAFT),并且对其进行调幅,峰值加速度分别为 220 Gal 和 400 Gal,分别模拟七度罕遇(PGA = 220 Gal)、八度罕遇(PGA = 400 Gal)抗震设防烈度下的水平地震作用,利用 Seismo Signal 地震记录分析软件获得需求曲线,将需求曲线与能力曲线绘制于同一图表中,两条曲线的交点即为性能点,各工况下分离式结构与刚接钢框架性能点坐标值见表 4 - 11,对比分析两种结构体系性能点的分布可知:同一工况下,分离式结构谱位移小于刚接钢框架,谱加速度大于刚接钢框架,由能力曲线推导过程可知:分离式结构不仅拥有较大的侧向刚度,能有效控制侧向位移,而且抗侧力能力强。

表 4 - 11　性能点坐标值

工况	分离式结构		刚接钢框架	
	S_d/m	$S_a/(m \cdot s^{-2})$	S_d/m	$S_a/(m \cdot s^{-2})$
ELC - 220 Gal	0.08	1.64	0.14	1.03
ELC - 400 Gal	0.13	1.86	0.21	1.26
IMPERIAL - 220 Gal	0.09	1.73	0.21	1.26
IMPERIAL - 400 Gal	0.14	1.87	0.31	1.45
LAMAP - 220 Gal	0.06	1.44	0.06	0.53
LAMAP - 400 Gal	0.14	1.87	0.11	0.92
LOMA - 220 Gal	0.12	1.84	0.29	1.40
LOMA - 400 Gal	0.20	1.97	0.45	1.53
TAFT - 220 Gal	0.07	1.36	0.11	0.91
TAFT - 400 Gal	0.13	1.85	0.18	1.20

4.5.4 位移包络图

根据性能点反算多自由度结构体系的各层相对位移,即可得到层间位移及层间位移角。足尺寸有限元模型时程分析与静力弹塑性分析位移包络图见图4-29。

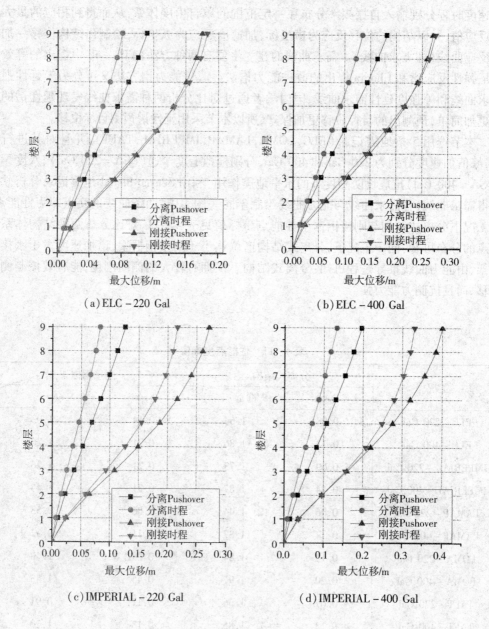

(a) ELC - 220 Gal

(b) ELC - 400 Gal

(c) IMPERIAL - 220 Gal

(d) IMPERIAL - 400 Gal

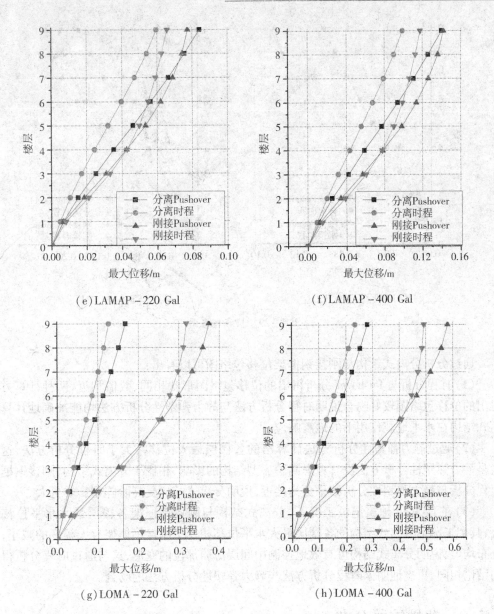

（e）LAMAP – 220 Gal　　　　　　　　（f）LAMAP – 400 Gal

（g）LOMA – 220 Gal　　　　　　　　（h）LOMA – 400 Gal

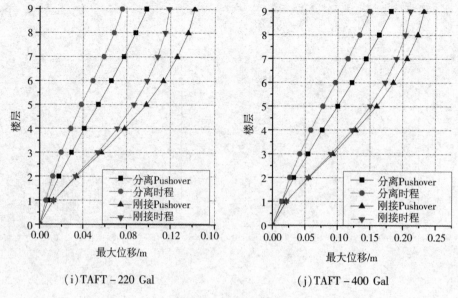

（i）TAFT – 220 Gal　　　　　　　（j）TAFT – 400 Gal

图 4 – 29　位移包络图

通过分析分离式结构与刚接钢框架位移包络图可以看出：

（1）时程分析与 Pushover 分析得出的位移包络图形状相同、数值相近，两种计算方法得出的位移包络图较好吻合说明时程分析方法与静力弹塑性分析方法均能准确地计算分离式结构在水平地震作用下的地震响应。

（2）通过静力弹塑性分析方法计算出的各楼层最大位移略大于时程分析方法，这可能是静力弹塑性分析方法没有考虑高阶振型结构的影响，相比于分离式结构，刚接钢框架时程分析与静力弹塑性分析结果更为接近，说明分离式结构受高阶阵型影响更大。

（3）在 LAMAP 地震记录工况下，分离式结构与刚接钢框架各楼层最大水平位移相近，其余工况下分离式结构的各楼层最大水平位移相比于刚接钢框架有大幅度的减小，且分布均匀，说明分离式结构可有效地控制中间层薄弱部位的变形，这与通过时程分析得出的结论相同，再次证明了时程分析方法与静力弹塑性分析方法的吻合。

4.5.5　塑性铰的分布

静力弹塑性分析方法是通过引入塑性铰概念来考虑结构的非线性问题，因此塑性铰出现的位置及顺序在一定程度上反映了结构的受力状态、构件的屈服过程以及破坏形式等。分离式结构与刚接钢框架塑性铰分布图见图 4 – 30。

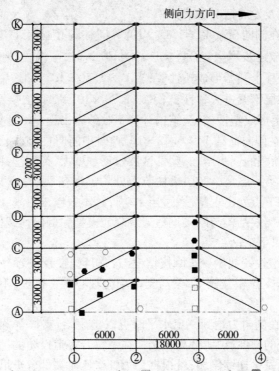

$\square : V_b = 1.12 \times 10^6 \,\text{N}; \blacksquare : V_b = 1.31 \times 10^6 \,\text{N}; \bigcirc : V_b = 1.50 \times 10^6 \,\text{N}; \hexagon : V_b = 1.70 \times 10^6 \,\text{N};$

（a）分离式结构

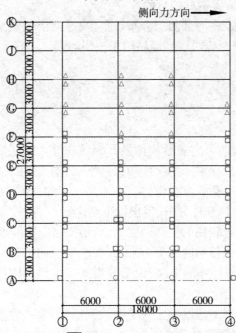

$\bigcirc : V_b = 6.42 \times 10^5 \,\text{N}; \square : V_b = 8.10 \times 10^5 \,\text{N}; \triangle : V_b = 1.01 \times 10^5 \,\text{N}$

（b）刚接钢框架

图 4 – 30 塑性铰分布图

塑性铰出现过程及发展情况如下：

（1）分离式结构在侧向荷载 $V_b = 1.12 \times 10^6$ N 时柱脚开始出现塑性铰，随着侧向荷载的逐步增加，塑性区域逐步增大；当 $V_b = 1.31 \times 10^6$ N 时，一层受拉支撑已进入全截面屈服，一层、二层楼层处柱上开始形成塑性铰；当 $V_b = 1.50 \times 10^6$ N 时，一层、二层柱上塑性区域逐渐增大，一层、二层钢梁进入塑性；当 $V_b = 1.70 \times 10^6$ N 时，二层受拉支撑进入全截面屈服，三层楼层处柱上形成塑性铰；至结构计算不收敛未出现新塑性铰。

（2）刚接钢框架在侧向荷载 $V_b = 6.42 \times 10^5$ N 时中间跨柱脚、一层中间跨梁端开始出现塑性铰，随着侧向荷载的逐步增加，塑性区数量逐步增大，产生塑性铰位置逐步上移；当 $V_b = 8.10 \times 10^5$ N 时，第一层至第四层梁柱节点处均出现塑性铰；当 $V_b = 1.01 \times 10^5$ N 时，第五层至第七层梁柱节点处出现塑性铰；至结构计算不收敛未出现新塑性铰。

通过对比分析分离式结构与刚接钢框架有限元模型在侧向荷载作用下塑性铰出现的位置及顺序，可得出以下结论：

（1）分离式结构塑性铰数量少于刚接钢框架，并且塑性铰位置靠近结构下侧，这是因为分离式结构梁、柱、支撑相互铰接，梁与支撑均为轴心受力构件，不产生端部弯矩，不能形成塑性铰。

（2）分离式结构在侧向力达到一定水平时可以出现梁、支撑全截面屈服，但仍能抵抗水平荷载并具有良好的延性，说明分离式结构体系符合多道设防的抗震设计标准，避免结构在受力构件屈曲后发生连续倒塌；可根据二力杆受压时端部弯矩最小、中部弯矩最大的受力特点，将梁与支撑设计为中部截面尺寸大、两端截面尺寸小的变截面构件，以达到充分利用材料的受力性能、节省钢材的目的。

（3）分离式结构塑性铰在底部两层分布较集中，这两层是该结构最薄弱的部位，在进行分离式结构设计与应用时应对底部两层给予适当加强。

4.6 小结

本章提出了梁柱铰接的分离式结构体系。为验证分离式结构体系的抗震性能，设计并加工了一尺寸相似比为1:4的六层两跨的分离式结构，采用振动台试验与理论模拟相结合的方法，证明了有限元模型的准确性。并对足尺寸的九层三跨分离式结构与刚接钢框架进行时程分析与静力弹塑性分析，得出以下结论：

（1）分离式结构体系有较高的抗侧刚度，有效地限制结构的水平位移。

（2）分离式结构层间位移角曲线更为平缓，各楼层层间位移角变化不大，结构最大层间位移角，发生于结构几何尺寸的中部，说明分离式结构侧向刚度分布合理，避免中间薄弱层的出现。

（3）分离式结构各楼层加速度响应大于刚接钢框架，分离式结构抗侧刚度大，水平地震作用下加速度响应较刚接钢框架剧烈。

（4）分离式结构在梁、支撑全截面屈服时仍能抵抗水平荷载并具有良好的延性，说明分离式结构体系符合多道设防的抗震设计标准，避免了结构在受力构件屈曲后发生连续倒塌。

参考文献

[1]冯萍. 单层钢结构厂房柱间支撑体系的分析[J]. 上海应用技术学院学报(自然科学版),2002,2(3):223－226.

[2]杨晓东,郭静. 单层钢结构厂房 X 型柱间支撑问题的探讨[J]. 钢结构, 2006, 21(4): 53－56.

[3]Bartera F, Giacchetti R. Steel dissipating braces for upgrading existing building frames [J]. Journal of Constructional Steel Research, 2004,60(3－5):751－769.

[4]朱为奉. 半刚性钢框架有限元静力分析与比较[D]. 上海:同济大学,2008.

[5]陈骥. 钢结构稳定理论与设计[M]. 北京:科学出版社,2003.

[6]A. H. 金尼克. 纵向弯曲与扭转[M]. 谢贻权,译. 上海:上海科学技术出版社,1962.

[7]邓科. 梭形变截面轴心受压柱的稳定性能与设计方法研究[D]. 北京:清华大学,2005.

[8]Timoshenko S. 弹性稳定理论[M]. 张福范,译. 北京:科学出版社,1958.

[9]格哈利. 结构分析[M]. 胡人礼,译. 北京:人民铁道出版社,1978.

[10]A. 查杰斯. 结构稳定性理论原理[M]. 唐家祥,译. 兰州:甘肃人民出版社,1982.

[11]Cirijavallabhan C. V. Buckling loads of non-uniform columns[J]. J. Struct. Div., ASCE, 1969, 95(11):2420－2430

[12]Kitipornchai S, Trahair N S. Elastic stability of tapered Ⅰ-beams[J]. J. Struct. Div., 1972, 98(3):713－728.

[13]Smith W G. Analytic solutions for tapered column buckling[J]. Computers & Structures, 1988, 28(5):677－681.

[14]林延清. 变截面轴心压杆临界载荷的简易计算法[J]. 港口装卸,1997(4):23－24.

[15]邵永松,张耀春,刘洪波. 空腹楔形轴心受压构件稳定性分析[J]. 低温建筑技术, 2003,25(1):23－24.

[16]郭彦林,潘湧. 变截面工形柱平面内稳定极限承载力研究[J]. 土木工程学报,2004, 37(1):13－19.

[17]Salari M R, Spacone E. Analysis of steel-concrete composite frames with bond-slip[J]. Journal of Structural Engineering, 2001, 127 (11): 1243－1250.

[18]Faella C, Martinelli E, Nigro E. Shear connection nonlinearity and deflections of steel-concrete composite beams: a simplified method[J]. Journal of Structural Engineering, 2003, 129(1): 12－20.

[19] Nie J G, Xiao Y, Tan Y, es al. Experimental studies on behavior of composite steel high-strength concrete beams[J]. ACI Structural Journal, 2004, 101(2): 245 –251.

[20] Spacone E, El-Tawil S. Nonlinear analysis of steel – concrete composite structures: state of the art[J]. Journal of Structual Engineering, 2004, 130(2): 159 –168.

[21] Ayoub A, Filippou F C. Mixed formulation of nonlinear steel-concrete composite beam element[J]. Journal of Structual Engineering, 2000, 126(3): 371 –381.

[22] Fragiacomo M, Amadio C, Macorini L. Finite – element model for collapse and long-term analysis of steel-concrete composite beams[J]. Journal of Structual Engineering, 2004, 130(3): 489 –497.

[23] Park J W, Kim C H, Yang S C. Ultimate strength of ribbed slab composite beams with web openings[J]. Journal of Structual Engineering, 2003, 129(6): 810 –817.

[24] 张建华. 钢 – 混凝土简支组合梁承载力研究[D]. 南京: 河海大学, 2001.

[25] 李莉. 钢 – 混凝土组合梁刚度分析研究[D]. 长沙: 湖南大学, 2007.

[26] 刘清平, 李国强, 王静峰. 钢结构框架中组合梁等效刚度的确定方法[J]. 力学季刊, 2008, 29(4): 601 –607.

[27] 王锁军, 土元清, 吴杰, 等. 组合梁刚度对组合框架的抗震性能影响分析[J]. 建筑科学与工程学报, 2006, 23(1): 39 –44.

[28] 易海波. 钢 – 混凝土组合梁翼板有效宽度的试验与分析[D]. 长沙: 湖南大学, 2005.

[29] 范圣刚, 舒赣平, 吕志涛. 变截面钢梁的整体稳定分析[J]. 特种结构, 2002, 19(4): 36 –42.

[30] 王晓军, 蒲军平. 变截面梁有限元分析[J]. 浙江工业大学学报, 2008, 36(3): 311 –315.

[31] 张元海, 李乔. 变截面梁的应力计算及其分布规律研究[J]. 工程力学, 2007, 24(3): 78 –82.

[32] 方恬. 变翼缘宽度钢梁的优化设计[J]. 建筑结构, 2008, 38(7): 71 –72.

[33] Li G Q, Li J J. A tapered Timoshenko-Euler beam element for analysis of steel portal frames[J]. Journal of Constructional Steel Research, 2002, 58(12): 1531 –1544.

[34] 杨娜, 沈世钊. 变截面门式刚架结构的几何非线性性能研究[J]. 吉林建筑大学学报, 2002, 34(2): 10 –15.

[35] Romano F, Zingone G. Deflections of beams with varying rectangular cross section[J]. Journal of Engineering Mechanics, 1992, 118(10): 2128 –2134.

[36] Petrangeli M, Ciampi V. Equilibrium based iterative solutions for the non-linear beam problem[J]. International Journal for Numerical Methods in Engineering, 2005, 40(3): 423 –437.

[37] Spacone E, Filippou F C, Taucer F F. Fiber beam-column model for non-linear analysis of R/C frames: Part Ⅰ. Formulation[J]. Earthquake Engineering and Structural Dynamics, 1996, 25(7): 711 –725.

［38］Molins C, Roca P, Barbat A H. Flexibility-based linear dynamic analysis of complex structures with curved-3d members［J］. Earthquake Engineering and Structural Dynamics, 1998, 27(7):731－747.

［39］谢靖中. 变截面梁预应力计算的积分算子法［J］. 工程力学, 2006,23(S1):46－51.

［40］Rathbun J C. Elastic properties of riveted connections［J］. Transactions of the American Society of Civil Engineers, 1936,101:14－25.

［41］Frye M J, Morris G A. Analysis of flexibly connected steel frames［J］. Canadian Journal of Civil Engineering, 1975, 2(3): 280－291.

［42］Jones S W, Kirby P A, Nethercort D A. The analysis of frames with semi-rigid connections—A state-of-the-art report［J］. Journal of Constructional Steel Research, 1983, 3(2): 2－13.

［43］Jones S W, Kirby P A, Nethercot D A. Effect of semi-rigid connections on steel column strength［J］. Journal of Constructional Steel Research, 1980, 1(1): 38－46.

［44］Yoshiaki G, Satsuki S,Chen W F. Analysis of critical behavior of semi-rigid frames with or without load history in connections［J］. International Journal of Solids and Structures, 1991, 27(4): 467－483.

［45］Jackson S H. Connector for semi-rigid coaxial cable: U. S. Patent 5,120,260［P］. 1992－06－09.

［46］Nader M N, Astaneh-Asl A. Shaking table tests of rigid, semirigid, and flexible steel frames［J］. Journal of Structural Engineering, 1996, 122(6): 589－596.

［47］Kukreti A R, Abolmaali A S. Moment-rotation hysteresis behavior of top and seat angle steel frame connections ［J］. Journal of structural Engineering, 1999, 125 (8): 810－820.

［48］Doi M, Ichioka Y, Ohta Y, et al. Seismic behavior of hybrid system with corrugated steel shear panel and RC frame［C］. The 14th World Conference on Earth, 2008.

［49］李国强, 沈祖炎. 半刚性连接钢框架弹塑性地震反应分析［J］. 同济大学学报（自然科学版）, 1992,20(2): 123－128.

［50］陈绍蕃. 门式刚架端板螺栓连接的强度和刚度［J］. 钢结构, 2000, 15(1): 6－11.

［51］王燕, 彭福明. 多高层钢框架梁柱半刚性连接性能［J］. 建筑结构, 2000, 30(9): 18－20.

［52］郭成喜. 半刚性钢框架的内力性态分析［J］. 建筑结构, 2002, 32(5): 3－6,14.

［53］施刚, 石永久, 王元清, 等. 多层钢框架半刚性端板连接的试验研究［J］. 清华大学学报（自然科学版）, 2004, 44(3):391－395.

［54］李国强, 刘清平, 王静峰. 水平荷载作用下足尺半刚性连接组合梁框架试验［J］. 土木工程学报, 2007, 40(12): 8－16.

［55］石文龙, 叶志明, 李国强. 半刚性连接框架的试验研究进展（Ⅱ）［J］. 四川建筑科学研究, 2008, 34(3): 1－4.

［56］侯颖, 霍达. 半刚接钢框架系统刚度的可靠性分析［J］. 郑州大学学报（工学版），

2010,31(3):70-72,86.

[57]赵西安. 现代高层建筑结构设计(上、下册)[M]. 北京:科学出版社,2000.

[58]李新华,舒赣平. 偏心支撑钢框架的设计探讨[J]. 工业建筑,2001,31(8):8-10,32.

[59]A. H. 金尼克. 纵向弯曲与扭转[M]. 谢贻权,译. 上海:科学技术出版社,1962.

[60]马宁. 全钢防屈曲支撑及其钢框架结构抗震性能与设计方法[D]. 哈尔滨:哈尔滨工业大学,2010.

[61]Xie Q. State of the art of buckling-restrained braces in Asia[J]. Journal of Constructional Steel Research, 2005,61(6):727-748.

[62]武江,张略秋,黄长华. 钢框架柱间支撑侧移刚度简化计算及程序设计[J]. 山西建筑,2010,36(31):52-54.

[63]黄明泽,连尉安. 钢支撑滞回试验及模拟方法探索[J]. 低温建筑技术,2009(7):52-54.

[64]Ballio G, Perotti F. Cyclic behavior of axially loaded members:Numerical simulation and experimental verification[J]. Journal of Constructional Steel Research, 1987, 7(1):3-41.

[65]申林. 高层结构钢支撑滞回性能分析及抗震设计对策[D]. 西安:西安建筑科技大学,2000.

[66]曾力. 拉伸试验速率对低碳钢力学性能的影响[J]. 理化检验—物理分册,2007,43(1):6-8,18.

[67]中华人民共和国国家质量监督检验检疫总局. 金属材料 室温拉伸试验方法(GB/T 228—2002)[S]. 北京:中国计划出版社,2002.

[68]国家质量技术监督局. 钢及钢产品力学性能试验取样位置及试样制备(GB/T 2975—1998)[S]. 北京:中国计划出版社,2002.

[69]中国建筑科学研究院. 建筑抗震试验方法规程(JGJ 101—96)[S]. 北京:中国计划出版社,1997.

[70]赵庆明,刘殿中,杨长有,等. 钢-轻骨料混凝土简支组合梁抗弯性能试验研究[J]. 吉林建筑工程学院学报, 2008,25(1):17-20.

[71]刘文光,何文福,霍达,等. 大高宽比隔震结构双向输入振动台试验及数值分析[J]. 北京工业大学学报,2007,33(6):597-602,612.

[72]中华人民共和国国家标准. 建筑抗震设计规范(GB 50011—2010)[S]. 北京:中国建筑工业出版社,2010.

[73]余利华,张开银,薛光桥,等. 结构动力特性应用的有关问题分析[J]. 湖北师范学院学报(自然科学版),2007,27(2):18-21.

[74]徐教宇,陶里,张彬彬,等. 结构动力性能测试技术[J]. 建筑科学,2011,27(S1):139-142.

[75]赵永刚,李茂,刘浩. 轻钢框架-支撑结构振动台试验研究[J]. 四川建筑,2012,32(5):127-129.

[76] Trifunac M D. Biot response spectrum[J]. Soil Dynamics and Earthquake Engineering, 2006,26(6-7):491-500.

[77] 李明昊. 高层建筑结构的非线性时程分析[J]. 四川建筑,2006,26(1):119-121.

[78] Torii A J, Machado R D. Structural dynamic analysis for time response of bars and trusses using the generalized finite element method [J]. Latin American Journal of Solids and Structures, 2012, 9(3): 309-337.

[79] Chen J C, Trubert M, Garba J A. Time-domain response envelope for structural dynamic systems [J]. Journal of Spacecraft and Rockets, 1985, 22(4): 442-449.

[80] 魏琏,王森. 论高层建筑结构层间位移角限值的控制[J]. 建筑结构,2006,36(S1):49-55.

[81] 杨木旺. 基于性能的抗震评估体系研究进展[C]//第九届全国现代结构工程学术研讨会论文集. 北京:工业建筑,2009:276-282.

[82] 李伟,李浩,赵建昌. 静力弹塑性分析(push-over)方法在 RC 框架结构抗震能力分析中的应用[J]. 甘肃科技,2005,21(5):128-130.

[83] 吉小萍,董军. Pushover 能力谱方法的基本原理及应用[J]. 四川建筑科学研究, 2009,35(3):148-151.

[84] 王瑞茹. 高层建筑结构静力弹塑性分析的理论与应用研究[D]. 西安:西安建筑科技大学,2006.

[85] 梁焕新. 建筑结构 Pushover 分析方法的实用性研究[D]. 成都:西南交通大学,2011.

[86] 汪大绥,贺军利,张凤新. 静力弹塑性分析(Pushover Analysis)的基本原理和计算实例[J]. 世界地震工程.2004,20(1):45-53.

[87] 崔烨. 静力弹塑性 Pushover 分析方法的研究和改进[D]. 西安:西安建筑科技大学,2004.

[88] 王磊. 基于 Pushover 方法对改造建筑物抗震性能的评估[D]. 西安:西安建筑科技大学,2009.

[89] 赵振炜. 静力弹塑性 Pushover 分析在实际结构工程中的应用[D]. 西安:西安建筑科技大学,2010.

[90] ATC-40. Seismic Evalution and retrofit of concrete buildings[S]. RepATC-40,1996.

[91] FEMA-273 NEHRP guidelines for the seismic rehabilitation of buidings[S]. Report FEMA273(Guidelines)and Report 274(Commentary),1997.

[92] 汪金祥,肖亚明,刘顺,等. 基于 Pushover 原理的钢框架静力弹塑性分析[J]. 合肥工业大学学报(自然科学版),2014,37(10):1249-1253.

[93] Gupta B,Kunnath S K. Adaptive spectra-based pushover procedure for seismic evaluation of structures[J]. Earthquake Spectra,2000,16(2):367-391.

[94] 侯爱波,汪梦甫,周锡元. Pushover 分析方法中各种不同的侧向荷载分布方式的影响[J]. 世界地震工程,2007,23(3):120-128.

[95] 肖明葵,马占杰. 结构抗震性能评估的改进模态能力谱法[J]. 重庆大学学报(自然科学版),2007,30(2):115-119.

[96] Chopra A K, Goel R K. Capacity-demand-diagram methods for estimating seismic deforma-tion of inelastic structures: SDF systems [R]. Berkeley: Pacific Earthquake Engrg Res Ctr, University of California, 1999.

[97] 易建伟, 张海燕. 弹塑性反应谱的比较及其应用 [J]. 湖南大学学报(自然科学版), 2005, 32(2): 42 - 45.